2020年度
中国林业和草原发展报告

2020 China Forestry and Grassland Development Report

国家林业和草原局

中国林业出版社

《2020 年度中国林业和草原发展报告》
编辑委员会

主　任	关志鸥
副主任	张永利　刘东生　彭有冬　李树铭　李春良　谭光明　胡章翠 杨　超　王海忠　闫　振
委　员	（以姓氏笔画为序）

丁立新　丁晓华　王　浩　王永海　王志高　王春峰　石　敏
田勇臣　冯德乾　刘　璨　刘克勇　刘树人　刘韶辉　孙国吉
李金华　杨万利　吴志民　吴柏海　张　炜　张志忠　张利明
周鸿升　孟宪林　陈嘉文　郝育军　郝学峰　郝雁玲　费本华
敖安强　夏　军　徐济德　高红电　唐芳林　黄采艺　菅宁红
程　红　傅　强

编写组

组　　长	马爱国　李　冰
常务副组长	刘建杰　王月华
副组长	付　丽　夏郁芳
成　员	胡明形　柯水发　李　杰　刘　珉　谷振宾　唐肖彬　张　鑫

王佳男　曹露聪　苗　垠　赵海兰　纪　元　曾以禹　彭继平
郑思洁　王冠聪　俞　楠　江天法　温战强　安思博　孙　友
李世峰　李新华　程　强　毛　锋　朱　钦　冯峻极　罗　雪
李瑞林　张雅鸽　郑　杨　徐　鹏　李鸿军　杨玉林　汪国中
彭　鹏　刘广路　陈光清　徐旺明　孙嘉伟　付建全　伍祖祎
孔　卓　李成钢　张　棚　黄祥云　曾德梁　荆　涛　于百川
朱介石　徐信俭　周　琼　郑唯一　张美芬　肖　昉　闫玉倩
韩　非　富玫妹　郭　伟　张　凯　徐宏伟　林　琳　李俊恺
李　屹　解炜炜　曲　佳　吴　昊　张　媛　吕兵伟　郝　爽
刘正祥　张丽媛　姜喜麟　刘泽世　马一博　赵陟峰　刘　博
王　博　王文利　陈敬国

目 录

摘 要　1

"十三五"林草建设主要成就　11

国土绿化　13

自然保护地　21

资源保护　29

灾害防控　39

生态扶贫　43

重大改革　49

投资融资　55

产业发展　63

产品市场　69

生态公共服务　99

政策与法治　105

重点流域和区域　119

支撑与保障　131

开放合作　141

附 录　147

注 释　165

专栏目录

专栏1	国家储备林工程建设情况	17
专栏2	推进林草应对气候变化情况	19
专栏3	全国自然保护地整合优化进展	27
专栏4	中国世界自然遗产和中国世界地质公园情况	27
专栏5	林长制改革进展	31
专栏6	森林资源管理"一张图"2020年度更新	32
专栏7	天然林资源保护工程建设历程	33
专栏8	大熊猫保护	37
专栏9	森林、草原和湿地资源第三次全国国土调查结果	37
专栏10	造林专业合作社晋之道	45
专栏11	生态扶贫林草贡献	47
专栏12	林草金融创新	61
专栏13	推进西部大开发　形成林草工作新格局	127

A P1-10
摘 要

摘　要

1. 国土绿化稳步推进

2020年，国土绿化任务全面完成。全年共完成造林693.37万公顷，完成种草改良面积322.57万公顷，继续推进草原生态修复重大工程建设，启动退化草原人工种草生态修复试点项目。新增创森城市66个，截至2020年底，193个城市被授予国家森林城市称号；22个省份开展省级森林城市建设，17个省份开展森林城市群建设。协同推进乡村振兴和农村人居环境整治，将乡村绿化美化纳入了《2020年农村人居环境整治工作要点》。"互联网＋全民义务植树"持续推开。

2. 自然保护地建设全面加强

2020年，持续开展以国家公园为主体的自然保护地体系建设。委托第三方开展国家公园体制试点评估验收工作，完成《国家公园体制试点评估验收综合报告》及10个国家公园体制试点评估验收报告；推动出台《国家公园设立规范》等5项国家公园标准，印发《国家公园监测指标和监测技术体系（试行）》和东北虎豹、大熊猫、祁连山、海南热带雨林4个国家公园总体规划（试行），完成10个试点区的自然资源统一确权登记主体工作。持续开展自然保护区和自然公园的制度建设、整合优化、监督管理、能力建设等工作，新批复命名国家地质公园1处、国家沙漠（石漠）公园5处、国家级森林公园4处，批复同意3处国家矿山公园转入国家地质公园，新增世界地质公园2处。

3. 资源得到有效保护

2020年，全面加强林草资源保护管理，系统推进保护修复重大工程，自然生态系统稳定性全面提升。全国天然林资源保护工程区完成公益林建设37.21万公顷，中幼龄林抚育188.4万公顷，后备资

摘 要

源培育14.33万公顷。森林督查结果表明，与2019年相比，违法占地、采伐项目数、森林面积、森林蓄积量连续2年"四下降"。全国落实草原禁牧面积8129.93万公顷，草畜平衡面积1.77亿公顷。推进湿地保护修复制度建设，安排退耕还湿任务1.8万公顷、湿地生态效益补偿项目34个，实施湿地保护修复重大工程11个。野生动植物保护工作取得突破性进展，穿山甲属所有种调整为国家一级重点保护野生动物，海南长臂猿、亚洲象等珍稀濒危野生动物保护研究工作稳步推进，国家重点保护和极小种群野生植物及兰科专项调查进展顺利。

4. 灾害防控能力不断提升

2020年，强化森林草原火灾、林草有害生物、野生动物疫源疫病、安全生产防控工作。坚持防灭火一体化，将防火责任制落实放在首位，突出重点时段和关键节点，组织开展30余次督查调研活动，全面排查整改火险隐患，与2019年相比，森林火灾次数、受害面积、因灾伤亡人数分别下降51%、37%、46%；草原火灾次数、受害面积分别下降71%、83%。主要林业有害生物发生面积比2019年上升3.37%。草原鼠、虫危害面积均较2019年减少，全年采取各种措施完成防治面积926.67万公顷，挽回牧草直接经济损失约12.5亿元。妥善处置19起野生动物疫情，未发生野生动物疫情扩散蔓延。强化林草行业安全生产防控，共派出1.8万余个（次）工作组，出动81万余人次，检查3万余家单位，排查治理安全隐患2.6万余处，全年未发生生产安全事故。

5. 林草脱贫攻坚顺利完成

2020年，充分发挥林草行业的优势和潜力，多措并举，顺利完成脱贫任务。定点扶贫的罗城、独山、荔波、龙胜4个县全部摘帽出列，5.98万户22.09万建档立卡贫困人口已全部清零。中西部22个省份选聘建档立卡贫困人口生态护林员110.2万名，结合其他帮扶举措，

摘 要

精准带动300多万贫困人口脱贫增收。新组建造林（种草）专业合作社2.3万个，吸纳160万贫困人口参与生态建设。产业带动1616万建档立卡贫困人口脱贫增收。依托森林旅游实现增收的建档立卡贫困人口达46万户147.5万人，年户均增收5500多元。

6. 林草改革全面推进

2020年，林草改革不断深化。中央有关部门对3个省（自治区）国有林区改革情况进行检查验收，结果表明，各项改革任务圆满完成，取得重要成果：停伐政策全面落实，全部实现政企分开，森林资源管理体制进一步完善，管护成效逐步显现，监管制度持续完善，地方政府保护森林、改善民生的责任进一步落实，林区职工生产生活不断改善。通过抽查验收整改、巩固提升改革成效、推动各项政策出台和落实化解国有林场债务等工作，国有林场改革工作全面收官，国有林场改革满意度测评调查结果显示，国有林场满意度为95.83%，职工满意度为93.55%。集体林权制度改革持续推进，新型林业经营主体29.43万个，林权抵押贷款面积666.67亿公顷左右，贷款余额726亿元，加强集体林权管理，集体林权纳入公共资源交易平台，组织开发集体林权综合监管系统。加强草原保护修复、草原禁牧休牧、草原征占用审核审批等草原保护修复制度体系建设，全力推进《中华人民共和国草原法》修改，多次向全国人民代表大会环境与资源保护委员会汇报修法进展和工作计划，公布39处全国首批国家草原自然公园试点建设名单，推进国有草场建设试点工作。

7. 林草投资持续增长

2020年，紧紧围绕推进大规模国土绿化、国家公园试点等重点工作，加大生态保护修复的资金支持力度。全国林草投资完成4716.82亿元，比2019年增长4.23%。全国生态保护修复、林草产品加工制造、林业草原服务保障与公共管理投资完成分别占全

摘　要

部投资完成额的 51.76%、22.24% 和 26.00%，生态保护修复占全部投资完成额的一半以上。林草固定资产投资占全部投资完成额的 18.44%。分区域看，东部、中部、西部、东北地区林草投资完成分别占全国完成投资的 22.78%、19.58%、44.77% 和 11.82%。

8. 产业产值平稳增长

2020 年，全国林业产业产值继续增长，各类产品产量均有不同程度的增加。林业产业总产值达到 8.12 万亿元（按现价计算），比 2019 年增长 0.50%。林业产业结构由 2019 年的 31∶45∶24 调整为 32∶45∶23。全国木材产量 10257.01 万立方米，锯材产量 7592.57 万立方米，人造板产量 32544.65 万立方米。全国林下经济的产值约为 1.08 万亿元。受疫情影响，全年林草旅游人次为 31.68 亿人次，比 2019 年减少 7.38 亿人次。

9. 林产品贸易规模微幅增长

2020 年，林产品出口低速增长、进口略有下降，木材产品供求总量小幅扩大。林产品出口 764.70 亿美元，比 2019 年增长 1.43%，占全国商品出口额的 2.95%；林产品进口 742.46 亿美元，比 2019 年下降 0.95%，占全国商品进口额的 3.61%。林产品贸易顺差为 22.24 亿美元。木材产品市场总供给（总消费）为 55493.77 万立方米，比 2019 年增长 4.05%。商品材产量 10257.01 万立方米，木质纤维板和刨花板折合木材（扣除与薪材产量的重复计算部分）14327.28 万立方米。进口原木及其他木质林产品折合木材 30909.48 万立方米。中国木材市场价格综合指数呈现环比"微幅波动上涨"、同比"全面下降，但降幅波动收窄"的变化特征。草产品出口 49.36 万元，进口 7.20 亿元，出口额和进口额中草饲料占比分别为 65.98% 和 85.42%。

10. 生态公共服务能力持续增强

2020 年，生态公共服务基础设施建设稳步推进，服务愈加完善。会同民政部等部门联合公布首批 96 家国家森林康养基地名单。87 家

摘　要

单位被确立为2020年"中国森林体验基地，中国森林养生基地，中国慢生活休闲体验区、村（镇）"。中国林学会遴选出第三批50个自然教育学校（基地）。适应全媒时代要求，推进多媒体融合发展，官方网站点击量超过24亿，网络电视台与全国100多家网站开展合作，官方账号覆盖主流新媒体平台。以各省（自治区、直辖市）林草官方账号为主体的新媒体传播矩阵初步形成。推荐并经教育部批准的10家全国中小学生研学实践教育基地向社会提供高质量的公益性自然教育服务。

11. 政策法治不断完善

2020年，林草政策体系进一步完善，法治建设稳步推进。国家出台了资源保护、生态修复、自然保护地建设等方面的文件，要求进一步压实地方党政领导干部保护发展森林草原资源主体责任；明确自然资源领域中央和地方财政事权和支出责任；规范草原征占用的审核审批等；印发《全国重要生态系统保护和修复重大工程总体规划（2021—2035年）》《红树林保护修复专项行动计划（2020—2025年）》，加强草原禁牧休牧等；规范中央财政林业草原生态保护恢复资金和林业改革发展资金管理，建立中央生态环保资金项目储备库制度，取消"十三五"进口种子种源税收政策的免税额度；明确自然保护地仍然按照现有的法律法规和相关文件要求执行，发布多项国家公园标准等；对禁食后停止养殖的在养野生动物进行妥善处置和分类管理；提出要科学利用林地资源，中央支持良种基地等工程建设和木本油料产业发展，将符合条件的常用机械列入农机购置补贴范围。在法治建设方面，修订《国家林业和草原局立法工作规定》，配合全国人民代表大会做好野生动物保护法、湿地保护法制（修）订，推动国家公园法、草原法等法律法规规章制（修）订，全年共发生林草行政案件12.16万起，共督查督办案件3026件，受理行政许可11308件，办理行政复议案件32件，应诉行政诉讼案件 49 件。

12. 流域区域林草发展各具特色

2020 年，流域和区域林草高质量发展取得新进展。长江经济带林业产业总产值占全国的 50.41%，长江流域 332 个自然保护区全面禁止生产性捕捞，配合编制《"十四五"长江经济带湿地保护修复实施方案》。黄河流域造林面积、种草改良面积、经济林产品产量分别占全国的 38.46%、49.78% 和 31.47%，会同有关部门印发《支持引导黄河全流域建立横向生态补偿机制试点实施方案》。京津冀地区完成造林面积 49.11 万公顷、林草旅游人数 1.22 亿人次，分别占全国的 7.08% 和 4.83%。"一带一路"中国区域种草改良面积、草原产业产值分别占全国的 89.27% 和 90.30%。传统区划下，东部地区完成造林面积和林业产业产值分别占全国的 18.67% 和 41.64%；中部地区完成造林面积、油茶产业产值分别占全国的 25.06%、68.56%；西部地区种草面积、草原改良面积、核桃产量、木材产量分别占全国的 93.39%、94.63%、82.62% 和 50.99%；东北地区受国有林区改革转型升级影响，林业产业产值比 2019 年减少 15.12%，林草系统从业人员和在岗职工人数均为各区最多，分别占全国的 35.80% 和 38.44%。从东北、内蒙古重点国有林区林业发展情况看，完成重点国有林区改革任务及验收评估工作和大兴安岭林业集团公司清产核资及机构组建，实现人财物和业务工作归国家林业和草原局直管，年末人数比 2019 年减少 2.11 万人，受改革转型调整和疫情因素双重影响，林业产业产值比 2019 年下降 18.39%。

13. 基础保障能力稳步提升

2020 年，林草种子、科技、信息等支撑保障能力进一步增强。全国共生产林木种子 2487 万千克、草种 2996 万千克；实际用林木种子、草种分别比 2019 年减少 0.05% 和 7.74%。可供造林绿化苗木数量 368 亿株，其中实际用苗木量 129 亿株，比 2019 年减少

摘 要

14.57%。全国共建成国家级良种基地294处。审（认）定国家级林木良种27个、国家级草品种18个、省级林木良种551个。新入国家林草科技成果库林草科技成果1433项，发布2020年度重点推广林草科技成果100项，发布林业行业标准100项以及《中华人民共和国植物新品种保护名录（林草部分）（第七批）》。2020—2021学年，全国林草研究生教育、林草本科教育、林草高职教育和林草中职教育毕业生人数较上一学年出现了不同程度的增加。开展林草生态网络感知系统建设，整合现有信息化资源，推进共建、共享、共用。政府网发布信息5万多条、视频1521条，回复网站留言640条。全年共完成林业工作站建设投资2.70亿元，全国共有180个林业工作站新建办公用房，367个林业工作站新配备交通工具，1495个林业工作站新配备计算机。

14. 开放合作持续深入

2020年，克服新冠疫情不利影响，林草国际合作各项工作稳步推进。政府间林草合作主动服务国家重大外交活动，在联合国75周年系列活动、中欧领导人会晤等国家重大外交活动中多角度展示中国林草生态建设取得的成就。召开中欧森林执法与治理双边协调机制（BCM）第十次会议等，推动希腊正式加入中国－中东欧国家林业合作协调机制。参加中国－中东欧国家联络小组第四次会议、东盟林业东北亚环境合作机制高官会等线上会议，深化中国－中东欧国家、澜沧江－湄公河等区域机制下林草合作。林业草原民间合作取得预期效果，完成18个中日民间绿化合作项目年度检查，推进英国曼彻斯特桥水花园"中国园"项目；完善监管机制，规范引导境外非政府组织在华活动与合作。主动引导境外非政府组织围绕林草建设重点工作开展合作，共落实154个合作项目。与国际金融组织合作取得显著进展，世界银行和欧洲投资银行联合融资"长江经济带珍稀树种保护与发展项目"顺利实施，完成转贷协议签订，亚洲

摘 要

开发银行贷款"丝绸之路沿线地区生态治理与保护项目"技术援助正式启动。林草履行国际公约持续推进，防治荒漠化、湿地保护等专项合作持续深化，取得明显成效。

B
"十三五"林草建设主要成就

"十三五"林草建设主要成就

"十三五"规划主要任务全面完成，约束性指标顺利实现，生态状况明显改善。森林覆盖率达到23.04%，森林蓄积量超过175.6亿立方米，草原综合植被盖度达到56.1%，湿地保护率达到52%，治理沙化土地0.10亿公顷。

1. 国土绿化成效显著

完成造林种草0.50亿公顷，森林面积和蓄积量连续30年保持"双增长"。三北防护林、天然林资源保护、退耕还林还草、退牧还草、京津风沙源治理等重点工程深入实施。义务植树广泛开展，新增国家森林城市98个。

2. 保护体系日益完善

国家公园体制试点任务完成，自然保护地整合优化稳步推进，新增世界自然遗产4项、世界地质公园8处，300多种濒危野生动植物种群数量稳中有升。全面停止天然林商业性采伐，1.30亿公顷天然乔木林得到休养生息。年均森林火灾受害率控制在0.9‰以下。完成《中华人民共和国森林法》《中华人民共和国野生动物保护法》修订。

3. 林草产业稳步壮大

总产值超过8万亿元，形成了经济林产品种植与采集、木材加工、森林旅游3个年产值超过万亿元的支柱产业。林产品生产、贸易居世界第一，林产品对外贸易额达到1600亿美元。生态扶贫成效显著，生态补偿、国土绿化、生态产业等举措带动2000多万贫困人口脱贫增收。选聘110.2万名建档立卡贫困人口成为生态护林员，组建2.3万个扶贫造林种草专业合作社，1600多万贫困人口受益油茶等生态产业。

4. 改革开放持续深化

完成国有林区、国有林场改革任务，集体林权制度改革稳步推进，行政许可审批事项逐步减少。18项成果获国家科技进步二等奖。成功举办防治荒漠化公约第13次缔约方大会、2019年北京世界园艺博览会。

C
P13-20

国土绿化

- 造林绿化
- 草原修复
- 城乡绿化

国土绿化

2020年,深入贯彻习近平总书记重要指示批示精神和中央关于统筹推进疫情防控和经济社会发展的部署要求,坚持一手抓疫情防控,一手抓国土绿化,广泛动员各方面力量扎实推进国土绿化工作,深入推进大规模国土绿化行动,顺利完成年度国土绿化任务。

(一) 造林绿化

各地区、各部门认真贯彻落实党中央、国务院决策部署,克服疫情不利影响,有序开展造林绿化工作,全国共完成造林693.37万公顷。

1. 造林方式

共完成人工造林300.01万公顷,飞播造林15.15万公顷,新封山(沙)育林177.46万公顷,退化林修复161.96万公顷,人工更新38.79万公顷(图1)。

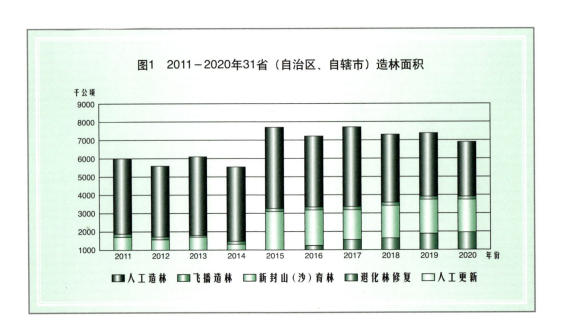

图1　2011-2020年31省(自治区、自辖市)造林面积

人工造林　31个省(自治区、直辖市)完成人工造林面积占总造林面积的43.27%(图2)。其中,内蒙古自治区人工造林面积超30万公顷,云南、河北、甘肃和贵州4个省人工造林均超20万公顷,上述5个省(自治区)人工造林面积占全国人工造林面积的41.96%。

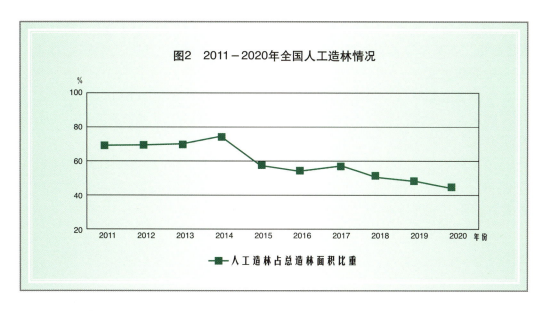

图2　2011-2020年全国人工造林情况

飞播造林　7个省（自治区、直辖市）开展了飞播造林，占总造林面积的2.18%。其中，河北、内蒙古和陕西3个省（自治区）占全国飞播造林面积的56.57%。

封山（沙）育林　全国24个省（自治区、直辖市）开展了封山（沙）育林，占总造林面积的25.59%。其中，湖南、青海、河北、福建、内蒙古、广东、四川等7个省（自治区）新封山（沙）育林面积均超10万公顷，占全国新封山（沙）育林面积的56.82%。新建、续建13个沙化土地封禁保护区。

退化林修复　全国27个省（自治区、直辖市）开展了退化林修复，占总造林面积的23.36%（图3）。其中，湖南、内蒙古、重庆、江西、四川5个省（自治区、直辖市）退化林修复面积均超10万公顷，占全国退化林修复面积的47.48%。

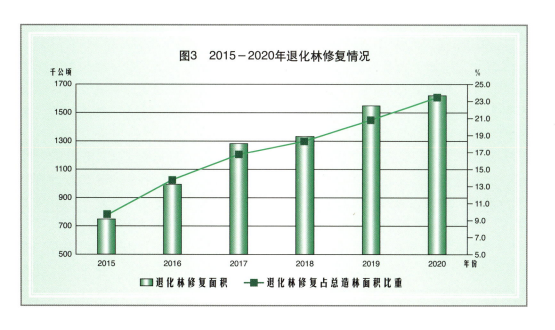

图3　2015-2020年退化林修复情况

人工更新　全国20个省（自治区、直辖市）开展了人工更新，占总造林面积的5.59%。广西作为人工更新面积最大的省份，占全国人工更新面积的42.12%。

2. 组织方式

中央资金造林　中央资金造林340.46万公顷，占总造林面积的49.10%。其中，内蒙古、云南、青海、贵州、山西、新疆和山西7个省（自治区）中央资金完成造林占比54.62%。

国家林业重点生态工程完成造林241.86万公顷，占总造林面积的34.88%（图4）。其中，内蒙古、云南、贵州、陕西、新疆、山西6个省（自治区）工程造林面积占全国林业重点生态工程造林面积的53.22%。

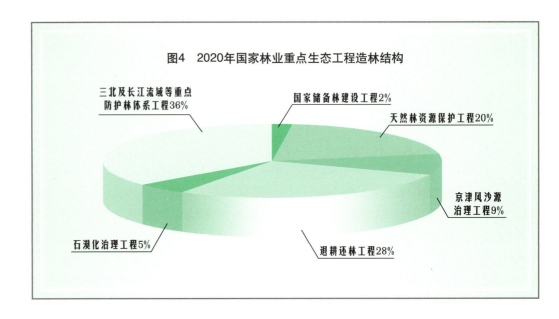

图4　2020年国家林业重点生态工程造林结构

2020年是天然林资源保护工程二期收官之年。全年共完成造林47.77万公顷，其中，陕西、内蒙古、吉林、青海4个省（自治区）工程造林面积占天然林资源保护工程总造林面积的57.17%。截至2020年底，工程累计完成公益林建设任务1837.26万公顷，其中，人工造林397.78万公顷、飞播造林392.35万公顷、无林地和疏林地新封山育林973.27万公顷。

2020年，新一轮退耕还林还草工程进入第七年，安排退耕还林任务47.07万公顷，任务已分解落实到地块和农户，并开工建设。全年工程造林66.89万公顷，涉及新疆、内蒙古等12个工程省份，其中，近六成工程造林由贵州、云南两省完成。自1999年工程启动以来，退耕还林工程累计完成造林2969.97万公顷。

京津风沙源治理二期工程6个工程省份中，北京、河北、山西、内蒙古、陕西5个省份共完成工程造林20.46万公顷。自2001年工程实施以来，已累计完成造林789.3万公顷。

三北、长江流域等防护林体系建设工程扩量提质，全年共完成造林87.92万公顷。其中，三北防护林工程、长江流域防护林工程、沿海防护林工程、珠江流域防护林工程、太行山绿化工程分别造林56.02万公顷、22.83万公顷、2.15万公顷、3.36万公顷和3.57万公顷。27个工程造林省份中内蒙古、新疆、河北等8个省（自治区）造林面积均超50万公顷，占三北工程造林面积的63.07%。自2001年以来，三北、长江流域等重点防护林体系工程累计完成造林面积1843.98万公顷。

岩溶地区石漠化综合治理工程继续在6个省（自治区、直辖市）200个石漠化重点县开展石漠化综合治理工作，全年完成营造林24.67万公顷，治理石漠化33万公顷。其中，造林13.07万公顷。

共完成国家储备林建设任务44.84万公顷。其中，中央补助类投资建设国家储备林6.22万公顷，利用政策性、开发性银行贷款建设国家储备林35.22万公顷，实施国家储备林森林质量精准提升项目2.15万公顷、特殊林木培育项目0.38万公顷、农业综合开发项目0.03万公顷，完成速丰林工程建设任务0.84万公顷。同时，与国家开发银行开展国家储备林建设合作，推进国家储备林制度建设和投融资机制创新，筹备实施典型林分经营模式试验示范项目。

专栏1 国家储备林工程建设情况

金融创新 加大与开发性政策性金融机构合作力度，金融创新服务国家重大战略，林业贷款项目融资规模持续扩大。截至2020年12月末，共有432个国家储备林等林业贷款项目获得国家开发银行、中国农业发展银行批准，累计放款1130亿元。与国家开发银行联合印发了《国家储备林贷款业务规程（试行）》，指导各地做好融资支持国家储备林建设有关工作。

重点项目 围绕长江大保护、黄河流域生态保护和高质量发展、乡村振兴等重大战略，推动国家储备林工程建设等重点领域重点项目，2020年新增储备林贷款项目48个。黄河流域的河南周口、巩义、沁阳国家储备林项目，长江经济带的贵州铜仁、毕节，江西新余等国家储备林项目相继落地。指导国家储备林联盟，发挥社会第三方作用，制定行规行约，组织行业活动，搭建合作平台，推广示范项目模式。

制度建设 构建"国家储备林项目库"在线管理平台，印发《国家储备林树种名录（2019年版）》，编制《国家储备林项目建设规范》技术标准，制订《国家储备林绩效评价管理办法》和监测方案及监测评价指标体系，修订《国家储备林基地建设种苗管理办法》和《作业设计管理办法》，启动黄河流域国家储备林森林质量提升方案编制工作。

地方政府和社会主体资金造林 我国地方政府和社会主体资金造林352.91万公顷，占总造林面积的50.90%。涉及全国31个省份，其中，湖南、内蒙古、河北等10个省（自治区）地方政府和社会主体造林面积占全国的68.49%。

义务植树 2020年4月3日，习近平等党和国家领导人参加首都义务植树。各级领导身体力行、带头尽责，为推动义务植树持续深入开展发挥了重要的示范引领作用。义务植树尽责形式不断丰富拓展，各级各类义务植树基地体系逐步完善，"互联网+全民义务植树"持续推开。中央直属机关干部职工植树（含折算）11.1万株，中央国家机关组织3.4万名干部职工捐款182万多元，助力首都绿化美化。北京率先建成国家、市、区、街乡、社村5级"互联网+全民义务植树"基地，方便市民身边尽责。吉林开展"全民共建绿美吉林"主题月活动，规划建设89个"互联网+全民义务植树"基地。上海连续6年举办市民绿化节，选择认种认养尽责方式的参与人数和捐赠金额分别比2019年增长57%和134%。福建在75个县开展"春节回家种棵树"活动，掀起春节回乡植绿高潮。广东推出"网友植树节"活动，发动公众"云植树"。广西开展"兴水利 种好树 助脱贫 惠民生"主题活动，实现"一绿多赢"。辽宁、河南、湖北等地在防疫期间上线一批尽责项目。天津、海南、重庆、青海、宁夏、新疆等地积极开展植抗疫林、天使林、健康林、英雄林、民族团结林等纪念林活动。中国石油组织41.69万人次参加实体植树，植树231.6万株，17.6万人次以其他方式参与尽责，折合植树49.5万株。中国石化开展多种形式义务植树活动，完成义务植树（含折算）170.3万株。中国邮政建设植树基地164个，组织开展植树活动486场，员工参与植树7.1万人次，植树（含折算）16余万株。

（二）草原修复

全国共完成种草改良面积322.57万公顷。继续推进草原生态修复重大工程建设，实施退牧还草、退耕还草、京津风沙源草地治理等草原生态修复工程，其中，安排人工种草21.04万公顷、草原改良45.04万公顷，围栏封育154.53万公顷，治理黑土滩和毒害草35.93万公顷。加大重点地区退化草原修复力度，启动退化草原人工种草生态修复试点项目，建立不同区域、不同类型退化草原、不同修复措施的生态修复示范区，优化草原生态修复技术和模式。

（三）城乡绿化

城镇绿化 有序推进森林城市建设。引导更多城市开展国家森林城市建设，全年新增66个创森城市，全国开展国家森林城市建设的城市达441个，其中193个城市被授予国家森林城市称号；鼓励和支持具备条件的省份开展省级森林城市和森林城市群建设，全国共有22个省份开展了省级森林城市建设，有17个省份开展了森林城市群建设。启动国家森林城市国家标准达标情况摸底工作，督导各地巩固和提升森林城市建设质量。研究制定《国家森林城市管理办法》《国家森林城市测评体系操作手册》《国家森林城市建设总体规划编制导则》等，完善森林城市建设制度体系。

乡村绿化 协同推进乡村振兴和农村人居环境整治，将乡村绿化美化纳入了《2020年农村人居环境整治工作要点》和《农村人居环境整治提升五年行动方案（2021—2035年）》。落实《乡村振兴战略规划（2018—2022年）》部署，开展涉及生态保护修复、乡村绿化美化工作中期评估。组织编写《乡村绿化美化模式选编》，指导各地科学开展乡村绿化美化。

专栏2　推进林草应对气候变化情况

组织领导 2020年，配合国家主管部门，完成《中国本世纪中叶长期温室气体低排放发展战略》《中国自主贡献进展报告》《国家适应气候变化战略2035》编制，参与《应对气候变化法》《碳排放权交易管理条例（草案）》《碳排放权交易管理办法》《"十三五"省级人民政府控制温室气体排放目标责任考核办法》制（修）订。

政策研究 组织开展《2020年后林业增汇减排行动目标》《土地利用变化和林业谈判的趋势及对我国影响的对策》《林业应对气候变化长期目标和对策》《应对气候变化各国自主贡献林业目标、行动、政策》《<巴黎协定>中涉林议题的未来国家对策》等项目研究，为国家制定应对气候变化战略、规划、方案和自主贡献目标更新，科学谋划布局林业草原应对气候变化提供了有力支撑。

林草增汇 指导各地深入推进大规模国土绿化。全国森林资源稳步增长，成为同期全球森林资源增长最多的国家；全国森林、草原、湿地和荒漠生态状况持续改善，碳汇等生态功能逐步增强。全面加强林草资源管理，有效控制资源损失造成的碳排放。

碳汇计量监测 制定全国林业碳汇计量监测工作方案和第三次全国林业碳汇计量监测技术方案，启动第三次全国LULUCF碳汇计量监测。编制完成气候变化第三次国家信息通报、第一次两年更新报告和第二次两年更新报告中的林业（LULUCF）温室气体清单。

基础能力建设 印发《林业和草原应对气候变化主要文件汇编》，完成《林业和草原应对气候变化知识读本》编写，组织召开林草碳汇交易与市场化多元化生态补偿机制建设座谈会，举办全国林业应对气候变化政策与管理培训班（第14期）。

国际合作 派员参加FAO第25届林委会，就"森林：基于自然的气候变化解决方案"议题发言，阐述了中国森林应对气候变化进展情况。与新西兰驻华使馆、生态环境部召开了中国－新西兰林业碳汇交易研讨会，为我国碳市场建设和林业碳汇交易提供了有价值的成果。

加强宣传 定期发布《林业和草原应对气候变化政策与行动》白皮书。在全国节能宣传周和全国低碳日期间，在中国绿色时报刊发《绿色发展 中国林业大有作为》《绿色节能周，数据告诉你中国林业的贡献》《应对气候变化 林草行业展现大国担当》等专版。

D

P21-28

自然保护地

- 国家公园
- 自然保护区
- 自然公园

自然保护地

2020年，持续开展以国家公园为主体的自然保护地体系建设，完成国家公园体制试点第三方评估验收，自然保护区、自然公园建设有序推进。

（一）国家公园

试点评估验收 委托中国科学院生态环境研究中心牵头，联合清华大学等16家单位的26位专家，组成国家公园体制试点评估验收工作组，开展第三方评估验收工作。经过评估培训、各地自查、实地核查等环节，经由5位院士领衔的专家组论证评议后，最终形成了《国家公园体制试点评估验收综合报告》及10个国家公园体制试点评估验收报告。

管理体制 中央机构编制委员会印发《关于统一规范国家公园管理机构设置的指导意见》，为建立国家公园管理体制机制，科学设置国家公园管理机构提供了基本遵循。各试点区进一步理顺管理体制，增强执法力量。其中，三江源试点区依托原森林公安队伍，组建国家公园警察总队。大熊猫试点区开展资源环境综合行政执法试点，形成了依托森林公安和管理机构开展行政执法两种模式。海南热带雨林试点区完成国家公园管理局内设机构、二级管理机构设置，挂牌成立7个分局并制定组建方案；建立国家公园执法派驻双重管理体制，试点区内的森林公安继续承担涉林执法工作，其余行政执法实行属地综合行政执法。

运行机制 组建国家公园体制试点工作专班，与各试点区建立挂点联络工作机制，定期督办，推动中期评估问题整改，督促试点任务落实。大熊猫试点区成立3个大熊猫国家公园共管理事会，吸纳地方党政领导、人大代表、政协委员等力量参与试点工作；与四川省高级人民法院、人民检察院建立生态环境资源保护协作机制，建立7个大熊猫国家公园专门法庭。武夷山试点区完善体制试点工作联席会议制度，会同江西省林业局制定《跨省创建武夷山国家公园实施方案》；公布《武夷山国家公园管理局权责清单》，依法明确武夷山国家公园权责事项123项。

标准规范 编制并协调国家标准委员会审核发布了《国家公园设立规范》《自然保护地勘界立标规范》《国家公园总体规划技术规范》《国家公园考核评价规范》《国家公园监测规范》5项国家公园标准；印发《国家公园监测指标和监测技术体系（试行）》和东北虎豹、祁连山、大熊猫、海南热带雨林4个国家公园总体规划（试行）。各试点区推进总体规划出台，组织编制生态保护修复、特许经营、社区发展等各类专项规划，其中，普达措、南山试点区总体规划分别由云南省政府和邵阳市政府批准执行，钱江源试点区总体规划完成修编并获浙江省政府批复，神农架试点区推进总体规划修编。

制度体系 各试点区不断完善制度体系，在自然资源管理、生态管护、特许经营、社区协调发展等方面制定出台了一系列制度、办法，推动国家公园规范化建设。其中，海南热带雨林试点区经海南省人大审议通过并发布了《海南热带雨林国家公园条例（试行）》，大熊猫、祁连山、钱江源、南山等试点区分别出台了管理办法（试行），大熊猫、海南热带雨林、武夷山、钱江源等试点区出台了特许经营相关管理办法。

资金保障 新修订印发的《林业草原生态保护恢复资金管理办法》新增了国家公园补助支出方向，安排国家公园补助10亿元；配合国家发展和改革委员会下达2020年中央预算内文化旅游提升工程项目投资8.3亿元，同时，协调国家发展和改革委员会将国家公园建设作为"十四五"文化保护传承利用工程重点内容之一，通过中央预算内投资予以支持。

生态保护修复 各试点区分别开展了生态廊道建设、退化土地修复、野生动植物救护、护林防火、有害生物防治、工矿水电退出等保护修复工作，同时加强巡护管控，加大违法打击力度，开展清山清套、野生动植物保护等专项活动，切实保护试点区内野生动植物资源，维护自然生态系统原真性、完整性。其中，三江源试点区组织实施退牧还草等生态保护项目19项，开展了"昆仑2020"等7次专项行动和2次集中巡护执法。大熊猫试点区稳妥有序推进矿业权、小水电处置。东北虎豹试点区开展清山清套专项行动，成立野生动物救护中心，提出虎豹廊道恢复方案。武夷山试点区开展森林防灭火及有害生物防治工作，持续加强茶山、"两违"整治和"专打"攻势。海南热带雨林试点区成立了国家林业和草原局海南长臂猿保护研究中心，海南长臂猿种群数量恢复到33只。

自然资源管理 配合自然资源部，持续推进国家公园自然资源统一确权登记工作，10个试点区的自然资源统一确权登记主体工作均已完成，进入质量审核入库阶段。各试点区分别开展勘界立标、本底资源调查、自然资源监测等工作，摸清自然资源底数，构建"天空地"一体化监测系统。其中，三江源试点区推动自然资源本底数据库建设，建立国家公园生态监测大数据平台；大熊猫试点区开展编制自然资源资产负债表试点工作；东北虎豹试点区"天空地"一体化监测网络体系覆盖近万平方千米，实现对野生东北虎豹及其栖息地实时监测；海南热带雨林试点区完成自然资源资产确权登记地籍调查及数据库建库工作；武夷山试点区完成开展生物资源本底等专题监测及"关注森林·探秘武夷"等科考活动。

社区共建共享 在坚持生态保护第一的前提下，各试点区通过完善生态补偿、发展绿色产业等措施，推动试点区内及周边居民参与国家公园建设，共享国家公园建设成果。其中，三江源试点区建成生态管护员巡护管理监督信息化平台，完成"4+1"生态保护示范村（站）建设任务，在园区53个行政村成立生态保护协会；大熊猫试点区创新集体土地协议保护模式，通过设立公益岗位、特许经营优先权等调动原住民和村集体经济组织保护生态积极性；东北虎豹试点区推动集体林地生态补偿；海南热带雨林试点区建立社区协调省级委员会及9个区域性协调委员会，完成白沙县南开乡高峰村生态搬迁村民新址入户；武夷山试点区完善11项生态补偿内容，推进大洲村生态移民搬迁，加强区内社区建设和产业发展管控。

科普宣教 综合运用传统媒体及新媒体渠道，推出全媒体系列报道，传播国家公园理念，介绍国家公园体制试点进展，制作《国家公园科普知识问答百问》手册，《中国国家公园（试点篇）》科普宣传画册，与新华网合作制作《国家公园》访谈专题片，推出"国家公园知识测试大闯关"H5科普产品。各试点区加强与主流媒体合作，刊发各类宣传稿件，同时加强科普宣教设施建设，组织开展形式多样的科普宣传活动。大熊猫、海南热带雨林试点区启用了国家公园标识。海南热带雨林试点区成立10所自然教育学校。武夷山试点区开通2条高铁冠名列车。

合作交流 各试点区与国内外大专院校、科研机构及社会组织在重点物种保护、自然资源监测、社区发展等方面开展合作，推动社会各界参与国家公园建设。三江源试点区与世界自然基金会（WWF）在人兽冲突、野生动物栖息地质量研究方面开展合作研究。大熊猫试点区成立了大熊猫国家公园专家委员会和专家库。东北虎豹试点区与WWF、国际野生生物保护学会（WCS）等国际组织开展东北虎豹及其栖息地保护研究，与俄罗斯豹地国家公园开展监测数据交流，联合相关部门和国际组织举办"第五届东北虎栖息地巡护员竞技赛""第十届全球老虎日"活动。海南热带雨林试点区组建海南国家公园研究院，汇集国内外多学科人才组成专家库，推进海南长臂猿保护联合攻关。武夷山试点区完善国家公园智库，联合7所科研院校加强国家公园科研项目储备。

（二）自然保护区

截至2020年底，我国共有国家级自然保护区474处。

资金保障 中央财政安排11.41亿元支持国家级自然保护区能力建设和基础设施建设。

规划调整 印发《关于做好自然保护区范围及功能分区优化调整前期工作的函》。批复陕西延安黄龙山褐马鸡和上海崇明东滩鸟类国家级自然保护区功能区调整方案。召开国家级自然保护区评审委员会，对安徽扬子鳄、内蒙古图牧吉国家级自然保护区范围和功能区调整申请进行审查。

规划审查 组织专家对10处国家级自然保护区总体规划进行实施考察，召开4次评审会，审查总体规划49处，批复山西太宽河、山西历山、内蒙古大兴安岭汗马、辽宁仙人洞、广西恩城、重庆大巴山、四川米仓山、四川美姑大风顶、云南无量山、陕西老县城等12个国家级自然保护区总体规划。

监督管理 组织开展对国家级自然保护区的人类活动遥感监测，共发现国家级自然保护区疑似问题点位2490个，通过"全国自然保护地监督检查管理平台"派发给有关省级林草主管部门，并书面通知其组织自然保护地管理机构进行实地核查，核查结果限期上报，对违法违规问题早发现、早制止、早处理。

专项行动 一是组织开展对全部474处国家级自然保护区自查，对112处国家级自然保护区进行现地核查，共发现13个省（自治区、直辖市）的33处国家级自然保护区存在48项未批先建等违法违规问题，通报专项检查基本情况及46项违法违规问题，要求省级林草主管部门和自然保护区管理机构严肃查处、立行立改。二是加快"绿剑行动"重点督办国家级自然保护区整改验收。对"绿剑行动"查出突出问题的30处国家级自然保护区重点督办整改。截至2020年底，对30处重点督办的国家级自然保护区，省级林草主管部门提交整改报告，国家林业和草原局出具验收报告，其中，26处经过审核后通过验收，予以销号。

（三）自然公园

2020年，新批复命名国家地质公园1处、国家沙漠（石漠）公园5处、国家级森林公园4处，批复同意3处国家矿山公园转入国家地质公园。截至2020年底，我国共有国家级自然公园2522处。

1. 风景名胜区

组织开展国家级风景名胜区总体规划审查工作，莫干山、齐云山、韶山、碛口风景名胜区总体规划上报自然资源部转报国务院审批。组织函审国家级风景名胜区规划23处，召开专家审查会4次，正式批复湖南德夯等8处风景名胜区规划。截至2020年底，我国共有国家级风景名胜区244处。

2. 地质公园

正式批复命名国家地质公园1处。推进国家矿山公园转入工作，组织专家进行考察评估，批复同意3处国家矿山公园转为国家地质公园。截至2020年底，我国共有国家地质公园281处。

3. 森林公园

新批复国家级森林公园4处。截至2020年底，我国共有国家级森林公园906处。

规划审批 批复52个国家级森林公园总体规划，涉及23个省（自治区、直辖市），其中，新编46个、修编6个。准予广东韶关等11处国家级森林公园改变经营范围，对森林公园内存在的建制城镇、村屯和人口密集区域等历史遗留问题进行合理调整。

宣教工作　持续向社会提供高质量公益性自然教育服务。面向公众开放全国森林公园和森林旅游在线学习培训系统，上线课程51门82学时，包含生态旅游形势政策、经营管理及新业态新产品等专题课程。全年注册账户约500人，直播课浏览量超过8900人次。

4. 海洋公园

截至2020年底，我国共有国家级海洋特别保护区（国家级海洋公园）67处。

规范管理　启动《国家海洋公园管理办法》编制工作。指导地方开展保护空缺分析，选划新建国家海洋公园；编制完成《中华白海豚保护地建设方案》；完善海洋公园数据库建设。

监督核查　组织开展国家级海洋保护地的人类活动遥感监测，共发现国家级海洋保护地疑似问题点位159个，书面通知有关省级林草主管部门组织自然保护地管理机构进行实地核查，核查结果及整改情况限期上报。

5. 湿地公园

截至2020年底，我国共有国家湿地公园899处。

试点验收　规范验收工作流程，对131处试点验收期满的国家湿地公园进行材料预审及卫片判读比对，组织国家湿地公园试点验收现场考察82处，其中，80处试点建设的国家湿地公园通过验收，2处试点未通过验收，限期整改。督促国家湿地公园建设有关问题整改24处。

监管督查　加强破坏湿地问题监管，对上海南汇东滩湿地、陕西渭南少华湖、宁夏石嘴山星海湖、河北尚义察汗淖尔国家湿地公园等涉湿问题督查督办。

能力建设　举办134人参加的国家湿地公园建设管理培训班。

6. 沙漠（石漠）公园

新增国家沙漠（石漠）公园5个。截至2020年底，我国已批复国家沙漠（石漠）公园125个，范围涉及内蒙古、甘肃、青海、新疆、云南、广西、湖南、四川等14个省（自治区）及新疆生产建设兵团，公园总面积为44万公顷。各地依托其良好的自然景观资源，坚持"保护优先、适度利用"的原则积极发展生态旅游，将休闲游憩、科普展览馆、沙漠（岩溶）植物群落展示、防沙治沙和石漠化治理成果展示、科学研究功能融入沙漠（石漠）公园建设，部分公园已成为当地"主题党日"活动、干部党性教育、"三同"教育、科学研究、学生校外课堂的重要场所，社会影响日益提升。

专栏3　全国自然保护地整合优化进展

中共中央办公厅、国务院办公厅印发《关于建立以国家公园为主体的自然保护地体系的指导意见》确定2025年前完成自然保护地整合归并优化目标任务。2020年2月经国务院同意，印发《关于做好自然保护区范围及功能分区优化调整前期工作的函》，明确了自然保护区优化调整和分区管控规则。相继印发了《关于自然保护地整合优化有关事项的通知》《关于生态保护红线自然保护地内矿业权差别化管理的通知》《关于生态保护红线划定中有关空间矛盾冲突处理规则的补充通知》等文件，明确了风景名胜区、永久基本农田、城市建成区、矿业权、人工商品林、重点国有林区、国有林场、草原放牧等一系列重大问题的处理意见。截至2020年底，自然保护地整合优化工作取得一定成效，基本摸清了自然保护地底数，编制了全国自然保护地整合优化预案，提出了各类矛盾冲突的解决方案，进一步优化了自然生态空间布局，有利于提升保护管理的有效性，筑牢国家生态安全屏障。

专栏4　中国世界自然遗产和中国世界地质公园情况

2020年1月，经国务院同意，"巴丹吉林沙漠－沙山湖泊群"作为我国2021年世界遗产申报项目正式向联合国教科文组织提交申报材料。同年7月，我国推荐申报的湖南湘西和甘肃张掖两处国家地质公园，在法国巴黎召开的联合国教科文组织执行局第209次会议上，正式获批联合国教科文组织世界地质公园称号。启动编制《中国世界地质公园申报与再评估管理办法》，组织开展第十一批世界地质公园推荐评审工作，向联合国教科文组织推荐世界地质公园申报单位2处，组织报送了中国黄山、云台山等10处世界地质公园再评估进展报告。截至2020年底，我国共拥有世界地质公园41处。

E P29-38

资源保护

- 森林资源保护
- 草原资源保护
- 湿地资源保护
- 野生动植物资源保护

资源保护

2020年是全面建成小康社会的决胜之年，紧紧抓住生态文明建设有利契机，全面深化林草事业改革，持续加大生态资源保护力度，森林、草原、湿地、荒漠等自然生态系统稳定性全面提升。

（一）森林资源保护

1. 森林保护与管理

林地管理 印发《关于统筹推进新冠肺炎疫情防控和经济社会发展做好建设项目使用林地工作的通知》，支持疫情防控建设项目、国家和省级重点建设项目和脱贫攻坚项目建设，允许先行使用林地。发布国家林业和草原局公告2020年第5号，取消在森林和野生动物类型国家级自然保护区修筑设施行政许可事项中保护管理补偿协议等3项申报材料。2020年，全国审核审批建设项目使用林地5.85万项，面积23.69万公顷，收取森林植被恢复费381.04亿元。与2019年相比，项目数减少1.68%，面积增长4.41%。其中，国家林业和草原局审核建设项目使用林地723项，面积6.37万公顷，收取森林植被恢复费109.55亿元，各省（自治区、直辖市）审核审批建设项目使用林地5.78万项，面积17.32万公顷，收取森林植被恢复费271.49亿元。审批在国家级自然保护区实验区修筑设施项目154项；组织开展占用征收林地行政许可被许可人监督检查工作，共检查172个项目。

采伐管理 一是林木采伐和木材运输系统运行规范有序。2020年，共核发采伐许可证约143.22万份，采伐蓄积量约为10754.27万立方米；共核发运输证100.65万份，木材运输量1814.79万立方米，竹材1152.71万株。新修订的《中华人民共和国森林法》取消"木材运输许可审批"，自2020年7月1日起，全国不再受理木材运输许可申请，停止办理木材运输证，"全国木材运输管理系统"于2020年底停止使用。二是全国"十四五"采伐限额编制顺利完成。2020年11月，印发《关于"十四五"期间年森林采伐限额的复函》反馈各省级单位，并要求及时将编限成果报同级人民政府批准和公布实施。同时，组织编制重点林区"十四五"期间年森林采伐限额。三是林木采伐"放管服"改革不断深入。2020年10月，印发《关于启用新版全国林木采伐管理系统和采伐许可证的通知》，规定从2020年12月1日起启用新版全国林木采伐管理系统，加快推进"互联网+采伐管理"模式，初步构建起集申请、受理、查询和发证等内容于一体的采伐管理政务服务体系，进一步创新林木采伐管理机制，强化便民服务举措，提高各地采伐审批效能。

森林督查 组织各级林业和草原主管部门持续开展天上看、地面查的全国的森林督查。挂牌督办了11个县级地区和单位，召开警示约谈会约谈其政府主要负责人，督促地方履行主体责任，推动违法问题的查处整改。各省级林业和草原主管部门共组织自查3032个县级单位的62.1万个疑似图斑，复核326个县的6504个图斑，各地共发现（不含重点国有林区）涉嫌违法违规占用林地项目5.68万起，面积6.87万公顷，与2019年相比，分别下降33.18%和26.60%；涉嫌违法违规采伐林木面积3.94万公顷，蓄积量141.77万立方米，与2019年相比，分别下降34.33%和49.55%，违法占地、采伐项目数、森林面积、森林蓄积量连续2年"四下降"。重点国有林区大部分森工企业局范围内实现违法问题"归零"。

资源监督 一是适应疫情防控形势，创新采取"云模式"，推行线上工作法，履行监督职责。二是加强中央环保督察、"绿盾行动"移交问题线索核查整改。2020年，督办中央环保督察移交问题线索32批207件，确保转交线索件件有着落、事事有回音、整改有实效。三是组织开展线上会商、线上培训、线上研讨和线上判读工作，确保森林督查和森林资源管理"一张图"年度更新工作不受影响。

专栏5 林长制改革进展

林长制改革是全面践行习近平生态文明思想的重大实践。截至2020年底，全国已有23个省（自治区、直辖市）在全省或部分地区开展试点，安徽、江西、重庆、山东、海南、山西、贵州7省（直辖市）全面建立林长制，构建了省、市、县、乡（镇）、村5级林长组织体系，明确了各级林长的工作职责。实践证明，林长制把林草生态建设工作纳入各级党委政府主要领导的核心视野，调动了各方面积极性，解决了保护发展森林等资源力度不够、责任不实等问题，取得了实实在在的成效。林长制通过抓顶层设计、制度建设、全域覆盖、目标考核和工作督导等，从根本上解决了全面落实保护发展林草资源的责任问题，真正将林草保护发展纳入当地经济和社会发展全局，林草资源保护发展得到了各级党委政府主要领导的重视和支持，形成了保护发展林草资源的强大合力，初步显示出了制度创新的良好成效。

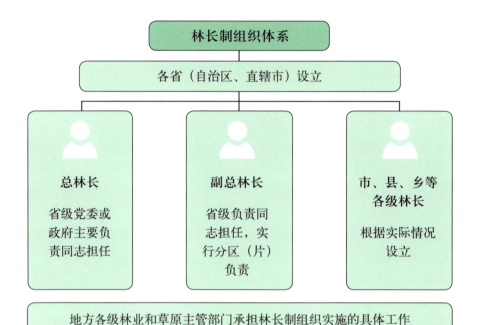

> **专栏6　森林资源管理"一张图"2020年度更新**
>
> 为克服疫情影响，创新工作方式，2020年主要采取线上模式，通过遥感影像处理、判读变化图斑、核实验证变化图斑、省级数据库更新、逻辑检查、数据统计汇总分析，共完成了36个省级单位（森工集团、新疆兵团）、3208个县级单位的年度更新任务，形成森林资源管理"一张图"2020年度更新成果并标准化处理入库，纳入全国森林智慧管理平台管理和应用。更新成果已成为林业生态建设的基础底图，是林草生态网络感知系统建设的重要支撑，也是森林资源保护、经营、规划、监督管理的重要基础。

天然林保护修复　2020年是天然林资源保护工程二期收官之年，也是贯彻落实中共中央办公厅、国务院办公厅《天然林保护修复制度方案》首要之年，各地党委政府出台《天然林保护修复制度方案》实施意见，天然林保护事业进入了全新阶段。印发《天然林保护修复信息管理办法（试行）》，对天然林资源保护工程管理信息系统进行了优化升级。创新推动天然林保护核查高质量发展，强化核查结果应用。2020年，全国天然资源保护工程区完成公益林建设任务37.21万公顷，中幼龄林抚育任务188.4万公顷，后备资源培育任务14.33万公顷。进一步巩固全面停止天然林商业性采伐成果。国有天然商品林全部纳入停伐补助范围，集体和个人天然商品林纳入停伐补助范围的面积由1446.67万公顷扩大到1786.67万公顷。

专栏 7　天然林资源保护工程建设历程

　　天然林资源保护工程实施 22 年来，中央财政支持政策力度空前，把所有天然林纳入了政策补助范围，天然林资源实现持续恢复增长，维护生态安全和生物多样性支撑作用显著，顺利实现了全面保护天然林的历史性转折，取得了举世瞩目的伟大成就。一是天然林资源得到全面保护。工程实施 22 年来，国家共投入资金 5083 亿元，对 1.30 亿公顷天然乔木林进行了有效管护，累计完成公益林建设 2000 万公顷、森林抚育 1820 万公顷，95.6 万名林业富余职工得以妥善安置，国有林区彻底摆脱了"两危"困局。实现了把所有天然林都保护起来的目标。二是森林面积和蓄积量实现"双增长"。第九次森林资源清查结果显示，全国天然林面积净增 2853 万公顷，天然林蓄积量净增 37.75 亿立方米。三是森林蓄水保土能力显著增强。工程实施以来，有效确保了我国大江大河安澜。据监测，青海三江源区近 10 年来水资源量增加 80 亿立方米。长江、黄河等大江大河的含沙量逐年减少，随着天然林生态功能的提升，江河两岸森林发挥的水源涵养作用更加明显，保障着我国淡水安全与国土安全。四是野生动植物生境得以极大改善。天然林资源保护工程的实施，极大地改善了野生动植物生境，为创建以国家公园为主体的自然保护地体系奠定了良好基础。五是森林碳汇能力大幅提升。据监测，我国森林每年释氧量 10.29 亿吨，其中，来自天然林的贡献占 80% 以上。中国科学院大气物理研究所最新科研成果表明，我国陆地生态圈的巨大碳汇主要来自重要林区尤其是西南林区和东北林区在夏季的固碳贡献。这是我国天然林保护的重要成果。六是民生福祉不断增进。天然林资源保护工程的实施为重点国有林区和国有林场加快改革创造了条件，争取了时间和空间。2015 年国家作出决定，对国有林区和国有林场进行体制改革。天然林资源保护工程通过国家大力投入，推动林业职工放下斧头、放下锯，转向生态保护，实现林区林场社会和机构队伍稳定。林业职工年工资由 2011 年的 27798 元提高到 2018 年的 64778 元，增长 1.33 倍，是 2000 年职工工资水平的 12.5 倍。职工养老、医疗等 5 项保险参保率达 95% 以上，工程区 50 多万林业职工实现长期稳定就业。棚户区改造大大改进林业职工居住条件。七是天然林资源保护工程实施以来，工程区经济迅速转型，林业产业迅猛发展，为生态扶贫作出了显著贡献。

国家级公益林管理　　推进国家级公益林规范化、动态化、精准化管理，采用遥感监测与现地核实、档案核实相结合的方法，掌握国家级公益林动态变化，特别是结合森林资源管理图年度更新，核实国家级公益林调出补进审批情况，禁止不经审批擅自调整国家级公益林行为，推动国家级公益林规范化动态管理。监测显示，2020年全国国家级公益林面积11384万公顷。按保护等级分，一级保护1821万公顷，占16%；二级保护9563万公顷，占84%。按权属分，国有6357万公顷，占55.84%；集体、个人等非国有5027万公顷，占44.16%。

古树名木保护　组织召开专家评审会议，对古树名木普查数据进行核实，形成了《第二次全国古树名木资源普查结果报告》。圆满完成了古树名木抢救复壮第二批11个省份试点工作，启动古树名木抢救复壮第三批3个省份试点工作，推进《全国古树名木保护规划（2021—2035年）》编制工作。举办全国古树名木保护管理业务培训班，大力提升古树名木保护管理能力。

森林经营　一是启动全国森林经营试点工作。印发《关于开展全国森林经营试点工作的通知》，决定在全国73个单位开展全国森林经营试点工作。批复同意73个单位的2020—2021年森林经营年度实施方案，探索建立具有中国特色的森林可持续经营机制和模式。二是持续推进全国森林经营方案制度体系建设。对2019年东北内蒙古国有林区87个森工企业局编制的森林经营方案进行论证。成立了全国森林经营工作专家组。推进蒙特利尔进程履约、中芬森林可持续经营示范基地建设、联合国粮农组织2020年全球森林资源评估等工作。三是开展森林抚育成效监测评估。启动实施2019年度森林抚育国家级监测评估工作，组织完成对10个省级单位、30个县级抽查单位、569个森林抚育小班的外业监测评估工作，形成了《全国森林抚育成效监测报告》。

（二）草原资源保护

保护修复　印发《关于进一步加强草原禁牧休牧的通知》《关于公布首批国家草原自然公园试点建设名单的通知》《草原征占用审核审批管理规范》，进一步完善草原保护修复制度体系。继续实施退牧还草、退耕还草、京津风沙源草地治理、退化草原人工种草生态修复试点等工程项目。

保护补助奖励　截至2020年底，全国草原禁牧和草畜平衡面积分别达到8129.93万公顷和1.77亿公顷。13个政策实施省（自治区）草原综合植被盖度达到53.93%，较2019年提高1.23个百分点，较2011年提高5.93个百分点。政策实施以来，有效加快我国草原生态恢复，提升生态系统的稳定性，促进畜牧业转型和草原科学利用，提高农牧民保护草原的自觉性，效果明显。

征占用管理　全国各级林草主管部门共审核审批征占用草原申请2856批次，比2019年增加770批次；审核审批草原面积36911.27公顷，比2019年增加13887.62公顷；征收草原植被恢复费13.71亿元，比2019年增加11.1亿元。征占用草原面积按用途分：公路、铁路、机场建设等基础类项目308批次，面积9458.50公顷；水利、水电设施类项目83批次，面积7861.23公顷；勘察采矿类项目409批次，面积5958公顷；草原保护、畜牧业类项目199批次，面积4216.32公顷；光伏、光电类项目178批次，面积1522.56公顷；油、气田建设类项目60批次，面积

450.74公顷；其他类项目1619批次，面积7443.92公顷。

监测评价 印发《全国草原监测评价工作指南（试行）》，构建新时代草原监测评价体系，为摸清草原底数奠定基础。健全以国家队伍为主导、地方队伍为骨干、市场队伍为补充、高校院所为技术支撑的草原监测评价组织体系。深入草原一线开展地面监测工作，采集报送样方数据2.66万个、入户调查数据0.44万条，完成草原长势、生产力、草畜平衡动态监测，以及自然灾害、草原生物灾害、草产品贸易情况监测分析，编制发布《2020年全国草原监测报告》。

（三）湿地资源保护

保护修复 贯彻落实《湿地保护修复制度方案》，研究编制《全国湿地保护"十四五"实施规划》《黄河流域湿地保护修复实施方案》《黄河三角洲湿地保护修复专项规划》等，与自然资源部联合印发《红树林保护修复专项行动计划（2020—2025年）》，配合国家发展和改革委员会，参与编制全国、长江经济带、长江三角洲等重大战略区域湿地保护恢复实施方案，组织申报退化湿地评估规范、小微湿地保护管理规范等2项国家标准，指导《湿地生态系统服务评估技术规程》等标准编制工作，完善湿地保护标准体系。2020年，安排退耕还湿任务1.8万公顷、湿地生态效益补偿补助34个，实施湿地保护修复重大工程11个。

调查监测 配合国务院第三次全国国土调查（以下简称国土三调）领导小组办公室做好第三次全国国土调查中湿地调查，协助开展青海、吉林等地国土三调湿地数据现地核实工作，协助完成《自然资源调查监测体系构建总体方案》。在四川、青海、甘肃等省份开展泥炭沼泽碳库调查。部署开展国际重要湿地生态状况监测工作，发布2020年《中国国际重要湿地生态状况白皮书》。

监督管理 重点对《长江经济带生态环境突出问题台账》中涉及的湖南益阳、江西九江涉湿问题进行督办，督促地方整改到位。推进《渤海综合治理攻坚战行动计划》重点任务，督促地方设立河北滦南省级湿地公园和河北黄骅省级湿地公园，天津汉沽湿地保护面积由3400公顷增至14203.29公顷。对上海南汇东滩湿地、陕西渭南少华湖、宁夏石嘴山星海湖、河北尚义察汗淖尔国家湿地公园等涉湿问题督查督办。

名录发布 根据《国家重要湿地认定和名录发布规定》，指导各地制定省级重要湿地的管理办法或标准，发布省重要湿地名录，总数达811处。2020年5月，发布《2020年国家重要湿地名录》，全国共有29处湿地列入名录，湿地面积13.79万公顷，涉及已建立的12处湿地自然保护区、17处湿地公园。

保护宣教 利用传统媒体和新媒体手段，多维度开展湿地宣传教育工作。结合世界湿地日、世界海洋日等宣传活动，刊发宣传专版，制作宣传短视频，中央电视台、《人民日报》、《光明日报》、央广新闻、《中国绿色时报》等二十多家媒体作了专访或报道。举办主题为"湿地滋润生命"2020大美湿地摄影作品展。定期举办长江、黄河、沿海三个湿地保护网络年会，加强网络成员合作与交流，建立全流域共同保护与治理的机制。

（四）野生动植物资源保护

野生动物保护 会同市场监管总局、农业农村部发布《关于加强野生动物市场监管 积极做好疫情防控工作的紧急通知》《关于禁止野生动物交易的公告》（2020年第4号）。印发《关于进一步加强野生动物管控的紧急通知》，提出了暂停野生动物交易、封控隔离人工繁育场所等措施，指导各地林草主管部门组织力量，全面停止野生动物猎捕活动，强化野外巡护看守，全面排查和管控野生动物经营利用场所，严防疫病传播扩散。加强禁食野生动物后续管理，印发《关于贯彻落实〈全国人大常委会关于全面禁止非法野生动物交易、革除滥食野生动物陋习、切实保障人民群众生命健康安全的决定〉的通知》《关于稳妥做好禁食野生动物后续工作的通知》《妥善处置在养野生动物技术指南》等文件，会同农业农村部联合印发《关于进一步规范蛙类保护管理的通知》。全国31个省（自治区、直辖市）和新疆生产建设兵团均全部完成禁食野生动物处置工作，未发生野生动物感染、传播疾病等危害公共卫生安全情况。至2020年末，全国退养补偿共涉及42424家养殖户，已全部按标准领取补偿资金，补偿资金总额达71.14亿元，提前完成禁食决定相关工作。

珍稀濒危野生动物保护恢复 将穿山甲属所有种调整为国家一级重点保护野生动物，成立国家林业和草原局穿山甲保护研究中心，组织编制《穿山甲保护方案》，开展全国穿山甲资源专项调查，印发《关于进一步加强穿山甲保护管理工作的通知》，强化穿山甲保护工作，指导地方加强监测巡护，野外救护并放归穿山甲20余只。成立国家林业和草原局海南长臂猿保护研究中心，2020年成功监测并证实第五群存在，现仅存5个家庭群33只，组织编制海南长臂猿保护方案。成立国家林业和草原局亚洲象研究中心，集中研究缓解人象冲突、亚洲象种群管理、亚洲象国家公园建设等重要问题，建立亚洲象天空地一体化监测系统，为中国亚洲象保护管理决策提供技术支撑。推动普氏野马、麋鹿放归自然，推进绿孔雀等濒危物种种质基因库建设。2020年11月6日在江苏大丰将25只成年麋鹿成功放归自然。

野生植物调查 基本完成第二次全国重点保护野生植物资源调查数据汇总及结果分析，本次调查选取了309种社会关注度高、保护管理迫切、开发利用压力大的国家重点保护和极小种群野生植物作为主要调查对象。继续推进"全国重点保护野生植物资源调查兰科植物资源专项调查"，启动海南、西藏等11个省份兰科植物资源调查，并对陕西和云南的兰科植物进行了补充调查。野外调查记录兰科植物约12万次，已覆盖兰科植物约1120种，发现兰科植物新种约24

种，中国新记录种约10种。

珍稀濒危野生植物保护恢复 对水杉、银缕梅、大别山五针松、百山祖冷杉、水松等重点保护和极小种群野生植物开展了就地保护和生境恢复工作。系统掌握我国各类迁地保护机构的现状，进行空缺性分析；着手开展我国特有的国家一级重点保护野生植物种质资源收集保存工作。对华盖木、西畴青冈、漾濞槭、崖柏、云南蓝果树等野外回归物种开展管护与监测工作；对报春苣苔、猪血木、水青树、连香树、西藏巨柏、贵州地宝兰、紫纹兜兰等濒危植物开展野外回归。

专栏8 大熊猫保护

2020年，国宝大熊猫的保护、繁育、放归、调查与科普等工作均取得了积极进展。大熊猫国家公园体制试点成效显著，增强了大熊猫栖息地的连通性和完整性，为大熊猫生存繁衍提供了更好的栖息生境。已建立大熊猫自然保护区67处，有效保护了53.8%的大熊猫栖息地和66.8%的野生大熊猫种群，野生大熊猫数量达到1864只。攻克了大熊猫人工繁育难题，实现了圈养种群数量的稳定增长，截至2020年底，大熊猫圈养种群数量达到633只，累计已将11只人工繁育大熊猫放归自然，成活9只，建立了较为成熟的大熊猫野化放归与监测的技术体系。与国际上18个国家22个单位开展了大熊猫国际合作研究项目，在国内24个省份开展了大熊猫国内借展活动，提高了公众保护意识，提升了濒危物种保护能力，促进了国际间人文交流，为推进生态文明建设发挥了积极作用。

专栏9 森林、草原和湿地资源第三次全国国土调查结果

根据《第三次全国国土调查主要数据公报》，全国林地28412.59万公顷。其中，乔木林地19735.16万公顷，占69.46%；竹林地701.97万公顷，占2.47%；灌木林地5862.61万公顷，占20.63%；其他林地2112.84万公顷，占7.44%。87%的林地分布在年降水量400mm（含400mm）以上地区。四川、云南、内蒙古、黑龙江等4个省份林地面积较大，占全国林地的34%。

全国草地26453.01万公顷。其中，天然牧草地21317.21万公顷，占80.59%；人工牧草地58.06万公顷，占0.22%；其他草地5077.74万公顷，

占 19.19%。草地主要分布在西藏、内蒙古、新疆、青海、甘肃、四川 6 个省份，占全国草地的 94%。

全国湿地 2346.93 万公顷，湿地是国土三调新增的一级地类，包括 7 个二级地类。其中，红树林地 2.71 万公顷，占 0.12%；森林沼泽 220.78 万公顷，占 9.41%；灌丛沼泽 75.51 万公顷，占 3.22%；沼泽草地 1114.41 万公顷，占 47.48%；沿海滩涂 151.23 万公顷，占 6.44%；内陆滩涂 588.61 万公顷，占 25.08%；沼泽地 193.68 万公顷，占 8.25%。湿地主要分布在青海、西藏、内蒙古、黑龙江、新疆、四川、甘肃 7 个省份，占全国湿地的 88%。

F

P39-42

灾害防控

- 森林草原火灾防控
- 森林草原有害生物防治
- 沙尘暴灾害应急处置
- 野生动物疫源疫病监测防控
- 森林草原安全生产防控

灾害防控

2020年，认真履行森林草原防火行业管理责任，提高火灾综合防控能力，配合做好火灾扑救工作；严格落实重大林业有害生物防治目标责任制，加大林业和草原有害生物防治力度；抓好林草安全生产，加强野生动物疫源疫病监测防控和重大沙尘暴灾害预警处置。

（一）森林草原火灾防控

"坚持防灭火一体化"，不断强化责任担当，全力做好森林草原火灾预防和火情早期处理相关工作。将防火责任制落实放在首位，结合火灾发生规律和特点，突出重点时段和关键节点组织开展了30余次督查调研活动，启动森林和草原火灾风险普查，全面排查整改火险隐患。2020年，全国共发生森林火灾1153起（其中，重大火灾7起，未发生特大火灾），受害森林面积8526公顷，因灾伤亡41人（其中，死亡34人）。与2019年相比，森林火灾次数、受害面积、因灾伤亡人数分别下降51%、37%、46%。2020年，全国共发生草原火灾13起（未发生重特大火灾），受害面积11046公顷。与2019年相比，草原火灾次数、受害面积分别下降71%、83%。

（二）森林草原有害生物防治

为推进林业和草原有害生物防治工作，成立林草重大有害生物防治领导小组，组建松材线虫病防治工作专班，强化组织领导，促进形成工作合力。2020年，全国主要林业有害生物发生面积1278.45万公顷，比2019年上升3.37%。其中，虫害发生790.62万公顷，比2019年下降2.57%；病害发生295.14万公顷，比2019年上升28.58%；林业鼠（兔）害发生174.01万公顷，比2019年下降2.26%；有害植物发生18.68万公顷，比2019年上升5.30%。2020年，全年监测面积69094.20万公顷，采取各类措施防治1009.24万公顷，累计防治作业面积1691.27万公顷，无公害防治率达85%以上。在重点疫区开展兴林抑螺建设10.11万公顷，建立长期固定监测样地56处，精准提升林业血防建设质量，助力健康中国战略。

2020年，全国草原鼠害危害面积3444.73万公顷，约占全国草原总面积的8.61%；草原虫害危害面积983.89万公顷，约占全国草原总面积的2.46%；草原鼠、虫危害面积均较2019年减少。全年采取各种措施防治面积926.67万公顷，防治比例17.33%，挽回牧草直接经济损失约12.5亿元。全国共完成草原鼠害综合防治面积535.60万公顷，其中，绿色防治面积374.80万公顷，绿色防治比例达到69.98%；完成草原虫害防治面积347.40万公顷，其中，绿色防治面积313.75万公顷，绿色防治比例达到90.31%。

（三）沙尘暴灾害应急处置

联合中国气象局对春季沙尘天气趋势进行会商，加强重点预警期滚动会商，实时科学研判。充分发挥三网合一的天地同步监测体系作用，提升沙尘暴灾害立体综合监测能力。制作沙尘暴应急科普知识短视频及宣传海报，结合5·12全国防灾减灾日、6·17世界防治荒漠化与干旱日，充分利用电视、广播、报纸、网络、微信等媒体和平台开展形式多样的线上线下科普知识宣传，提高全社会防灾减灾的意识。2020年，我国共发生7次沙尘天气，主要集中在春季，影响范围涉及西北、华北、东北等14个省（自治区、直辖市）725个县（市、区、旗）。与2019年相比，春季沙尘天气减少4次，沙尘暴及以上强度沙尘天气次数减少1次，首次发生沙尘暴时间提前了34天。

（四）野生动物疫源疫病监测防控

加强野生动物疫源疫病监测巡护和疫情处置。新冠疫情发生后，迅速启动国家级监测站日报告制度，全国各级野生动物疫源疫病监测站通过陆生野生动物疫源疫病监测防控信息直报系统，共计上报日报告138461份，内蒙古、河南、新疆等22个省（自治区、直辖市）发现并报告了野生动物异常情况516起，大天鹅、岩羊、野猪等89种4477只（头）野生动物死亡。通过派出专家组、远程技术指导等方式，妥善处置了新疆伊犁大天鹅H5N6亚型高致病性禽流感、宁夏贺兰山国家级自然保护区岩羊等19起野生动物疫情，未发生野生动物疫情扩散蔓延。印发《2020年重点野生动物疫病主动预警工作实施方案》，继续在野生动物集中分布区、边境地区等重点风险区域，开展候鸟禽流感、野猪非洲猪瘟等重点野生动物疫病主动监测预警工作，累计采集野生动物样品35597份，在野鸟样品中检测分离到H4N2、H6N2等41株野鸟源禽流感病毒，在黑龙江、甘肃的野猪样品中检测到非洲猪瘟病毒核酸阳性，初步掌握了我国重点野生动物疫病流行病学状况。

（五）森林草原安全生产防控

深入学习贯彻习近平总书记关于安全生产重要指示批示精神，认真落实党中央国务院决策部署，按照国务院安全生产委员会各项工作安排，坚持人民至上、生命至上，统筹发展和安全，在做好新冠疫情防控常态化的同时，不断强化责任落实，完善顶层设计，加强监督管理，稳步推进安全生产专项整治三年行动，深入开展隐患排查治理，强化一线督导检查，抓实抓细春节、"两会"、"五一"、"七一"等重要节假日期间和重点时段林草安全生产工作，开展安全生产月、安全生产万里行活动，共发放宣传品2168万余份，宣传培训

206万余次。2020年，全国林草行业共派出1.8万余个（次）工作组，出动81万余人次，检查了3万余家单位，排查治理安全隐患2.6万余处，有效防范化解了各类安全风险，全年未发生生产安全事故。

G

生态扶贫

- 定点扶贫
- 行业扶贫

生态扶贫

2020年，林草生态扶贫工作取得了显著成效，以实际行动践行绿水青山就是金山银山的理念，实现了脱贫攻坚与生态保护"双赢"。

（一）定点扶贫

继续发挥精准扶贫、精准脱贫优势和潜力，广西壮族自治区罗城县、龙胜县及贵州省独山县、荔波县4个定点县全部摘帽出列，5.98万户22.09万建档立卡贫困人口已全部清零。在2019年国务院扶贫领导小组对中央单位定点扶贫考核中获得"好"的成绩。

产业扶贫 向定点县投入和引进帮扶资金1.7亿元，培训基层干部、技术人员1409名。协调贵州、广西两省（自治区）林业主管部门向4个定点县投入中央、省（自治区）林业草原资金4.1亿元，实施中央财政造林、新一轮退耕还林、石漠化治理等重点生态建设工程，倾斜安排生态护林员选聘指标14297人。募集林业草原生态扶贫专项基金扶持定点县发展油茶产业、海花草、食用菌种植加工、生态旅游等生态扶贫产业，带动1000多户建档立卡贫困户脱贫增收。

科技扶贫 在定点县18个乡镇落实油茶、甜柿、刺梨、竹林经营等科技扶贫项目。构建"1个专家团队+1个扶贫项目+1个林业技术干部+1个实施主体+1批受益林农"的"五个一"扶贫模式，确保扶贫成果先进、技术应用到位、实施主体明确、受益群体稳定。组织林草科技扶贫专家服务团84位专家，分别赴定点县开展技术咨询、项目对接、产业衔接等活动。

（二）行业扶贫

生态护林员政策扶贫 会同财政部、国务院扶贫办联合印发《关于开展2020年度建档立卡贫困人口生态护林员选聘工作的通知》，修改完善了《建档立卡贫困人口生态护林员管理办法》。中央财政安排生态护林员补助资金64亿元。截至2020年，结合省级资金，共在中西部22省份选聘建档立卡贫困人口生态护林员110.2万名，精准带动300多万贫困人口脱贫增收，比《生态扶贫工作方案》确定的目标高122%。

除生态护林员外，各地区还因地制宜设置了不同的生态公益岗位，大多数由林草系统统筹管理。如重点生态公益林护林员、草原管护员、湿地生态管护员、沙化土地封禁保护管护员、农村生态环境保护员等。相关生态公益岗位资金多由地方根据自身情况进行统筹。

国土绿化扶贫 按照中央要求和《生态扶贫工作方案》目标任务，坚持因地制宜、分类施策，退耕还林还草、退牧还草、京津风沙源治理、天然林保护、三北等防护林建设、石漠化综合治理、沙化土地封禁保护区建设、湿地保护与恢复等重大生态保护工程，项目资金优先保障深度贫困地区，年度任务优先向深度贫困地区倾斜。全国新组建了2.3万个生态扶贫专业合作社，吸纳160万贫困人口参与生态保护工程建设，比《生态扶贫方案》确定的目标分别高43%、355%。

专栏10　造林专业合作社晋之道

在造林专业合作社的建设中，山西省将实践和经验相结合，摸索出一条晋之道。

组织制定办法　要求社员总数达20个人以上，有劳动能力的建档立卡贫困人口占社员总数的60%以上；社员劳务收入要占到工程总投资的45%以上，其中贫困社员劳务收入要占到总劳务费的60%以上。入社的贫困人口由乡镇村委推荐，扶贫部门确认身份，林业部门审核备案，工商部门登记把关。贫困县的造林工程全部采取议标形式安排给扶贫攻坚造林专业合作社组织实施。

健全完善制度　一是坚持资金倾斜。脱贫攻坚期间，全省造林绿化任务集中向58个贫困县倾斜，占到全省造林任务的2/3。采取融集资金的办法，将贫困县造林绿化亩投资在国家标准500元基础上再增加配套资金300元。二是严格工程管理。由县级林业主管部门按照承担的造林任务和合作社社员数量，科学合理确定每个合作社造林任务。开展贫困社员技术培训，严格工程管理，全面推行工程监理制，确保荒山逐年增绿、群众持续增收。三是完善财务制度。采取县级林业部门检查验收造林工程项目制度。实施按劳取酬、同工同酬，劳务工资精准支付，保障贫困社员收益，确保生态扶贫成效。四是建立进退机制。从政策渠道协调农经、工商、扶贫等部门畅通社员变更渠道，建立社员进退管理机制，有效提高贫困社员参与率、出工率，切实保证贫困人口精准受益。

创新发展思路　一是强化合作社内部管理。建立林草、农经、工商等部门协作制度，规范合作社内部管理。二是做好人员培训。强化社员业务能力层面的培训；突出抓好"带头人"层面的培训。三是推广"党支部+合作社"模式。推行合作社由村党支部领办或支部建在合作社等"支部+合作社"模式，探索村"两委"班子成员交叉任职、通过法定程序担任合作经济组织负责人，建设"红色"合作社。四是加大对合作社指导服务力度。安排技术团队深入基层，加强技术服务。开展合作社标准化创建，树立一批运行管理规范、扶贫成效显著、带动能力强劲的示范典型。五是拓宽合作社经营范围。鼓励和扶持扶贫攻坚造林专业合作社拓宽经营渠道，承担森林抚育、林下经济、种苗花卉、防火隔离带建设、经济林管理、森林草原经营管护等涉林项目，实现合作社由单一造林向造林、管护、经营一体化方向发展。

生态产业扶贫 指导贫困地区因地制宜发展特色优势惠民产业，培育新型经营主体和龙头企业，建立完善覆盖贫困人口的利益联结、收益分红、风险共担机制。通过重点扶持和推动经济林和花卉产业、林下经济、特种养殖、林产品加工、森林旅游、森林康养、草产业等产业项目，为贫困地区巩固生态扶贫成果、发挥特色资源优势打下了坚实基础。通过分红、劳务、自营等方式，带动1616万建档立卡贫困人口脱贫增收，比《生态扶贫方案》确定的目标高7%。组织开展了国家林业重点龙头企业和国家林业产业示范园区认定工作，其中，中西部22个省份龙头企业共289家、产业示范园区7个，充分发挥龙头企业和产业示范园区在推动区域经济发展、农民增收致富方面的重要作用。油茶种植面积扩大到453.33万公顷，建设国家林下经济示范基地370家，依托森林旅游实现增收的建档立卡贫困人口达46万户147.5万人，年户均增收5500多元。2020年，中西部22个省份林草总产值为4.91万亿元。2020年，重点推进怒江傈僳族自治州深度贫困地区林草生态脱贫。2016—2020年，协调云南省林业和草原局下达怒江傈僳族自治州生态护林员补助资金7.11亿元，怒江傈僳族自治州共选聘生态护林员31045名，带动12.56万余名贫困人口增收和脱贫，占全州贫困人口总人数的78%。落实怒江傈僳族自治州森林生态效益补偿7629.46万元，9.2万户33.28万人直接受益，其中，建档立卡贫困人口4.85万户18.16万人。怒江傈僳族自治州累计完成新一轮退耕还林还草4.04万公顷，涉及贫困人口2.63万户8.95万人，国家下达补助资金7亿元，退耕农户年人均收入3177元。为怒江傈僳族自治州生态扶贫专业合作社参加全国林产品展会提供机会，免费提供展位，拓宽产品销售渠道；为合作社产品提供绿色产品认证。

专栏11　生态扶贫林草贡献

2020年，困扰中华民族千百年来的绝对贫困问题即将得到历史性解决，脱贫攻坚战顺利完成，谱写了人类反贫史上的辉煌篇章。世界银行公布数据显示，中国减贫对世界减贫贡献率超过70%。2020年全面脱贫目标完成后，中国将提前10年实现联合国2030年可持续发展议程的减贫目标。这其中，生态扶贫亦功不可没。

林业草原建设范围既是开展生态保护与修复的主战场，也是实施生态扶贫的主阵地。2013年以来，利用现有资金渠道，向贫困地区倾斜安排中央林草资金3000多亿元，支持中西部22个省生态扶贫工作，探索了很多做法，形成了生态扶贫路径机制，总结出扶贫妙招。

生态补偿　一是在贫困地区选聘建档立卡贫困人口担任生态护林员，通过对资源的有效管护取得劳务收入，以实现生态保护和贫困人口脱贫增收双赢。二是完善天然林资源保护政策和森林生态效益补偿政策，逐步提高补偿标准，增加贫困人口资产性收入。

国土绿化　一是推广以贫困人口为主体的造林（种草）扶贫专业合作社模式。二是实施退耕还林还草工程使贫困人口脱贫增收。将退耕任务向贫困地区倾斜，将贫困户优先纳入退耕计划，符合条件的贫困地区实施应退尽退。指导贫困户发展适宜种植的经济林，实现贫困人口脱贫增收。三是分类施策，深入实施生态保护修复重大工程。

生态产业　大力支持贫困地区发展油茶等木本油料、森林湿地等生态旅游和森林康养、林下经济、竹藤、花卉种苗等生态产业，推广"企业+合作社+基地+贫困户"模式，将贫困人口嵌入利益联结机制，通过分红、劳务、自营等方式，带动贫困人口脱贫增收，实现贫困人口稳定脱贫不返贫。

H

P49-54

重大改革

- 国有林区改革
- 国有林场改革
- 集体林权制度改革
- 草原改革

重大改革

2020年，林业和草原改革深入推进，围绕国有林区、国有林场、集体林权制度改革等重要领域和重要环节改革上取得了阶段性重要成果，基本完成了林业草原改革的顶层设计，有力提升了林业草原治理能力和治理水平。

（一）国有林区改革

自国有林区改革启动以来，与国家发展和改革委员会同中央有关部门，指导内蒙古、吉林、黑龙江3个省（自治区）认真落实"保生态、保民生"改革总要求，全面推进改革。2020年8月，在3个省（自治区）自查基础上，中央有关部门组成联合工作组，对3个省（自治区）改革情况进行了检查验收，结果表明，各项改革任务圆满完成，取得重要成果。

改革进展和成效 一是停伐政策全面落实。2015年4月1日起，全面停止天然林商业性采伐，撤下采伐工队3598个，封存调剂采伐设备1.65万台（套），与木材生产相关的15.7万名职工全部转岗并妥善安置。5年多来，累计减少森林蓄积量消耗3100多万立方米。森林资源监测结果显示，国有林区森林面积增加70.92万公顷，森林蓄积量增加4.5亿立方米，分别超过改革目标93.4%和12.5%，天然林得到全面保护。二是政事企分开取得积极成效。全部实现政企分开，森工企业承担的行政职能全部移交属地政府，共移交机构2800个，移交和安置人员4.45万人，大兴安岭和伊春林区打破多年以来政企合一的体制，实现了森工企业和地方政府独立运行。因地制宜推进企业办社会职能移交，内蒙古森工集团办社会职能全部移交，其他林区也基本移交，共移交机构1361个，涉及人员9.77万人，切实减轻了森工企业负担。三是森林资源管理体制进一步完善。建立了新的重点国有林区森林资源管理体制，代表国家行使重点国有林区国有森林资源所有者职责，森工企业受国家林业和草原局委托承担重点国有林区森林资源经营保护工作，县级以上各级林草部门承担行政执法和森林资源监管职责。各森工（林业）集团聚焦主业，完善企业架构，总部内设机构数量较改革前减少34%，共整合撤并林场（所）113个，职工人数由改革前的48.3万人减少到2019年底的37.6万人。四是森林资源管护成效逐步显现。完善森林资源管护体系，管护责任落实率达到100%。共改造、新建管护站点用房2108座、瞭望塔864座，为提升管护效率提供保障。创新森林资源管护机制，采取远山设卡、近山设站，专业管护和家庭承包相结合，提升管护水平。推广北斗定位、无人机、"森林眼"等先进技术手段应用，管护成效进一步提升。五是森林资源监管制度持续完善。《中华人民共和国森林法》对国有林区森林资源产权登记、资产有偿使用、森林经营、森林采伐等作出法律规范。《关于建立以国家公园为主体的自然保护地体系的指导意见》《湿地保护修复制度方案》等规范性文件，完善保护制度。调整派驻地方监督机构职能，加强对国有林区森林资源保护的监督。加强森林经营，组织87家森工企业编制完成森林经营方案。六是地方政府保护森林、改善民生的责任进一步落实。3个省（区）将国有林区建设纳入国民经济和社会发展总体规划及投资计划，投入资金74.87亿元，用于改善林区基础设施。统筹林区养老、医疗等社会保障政策，推进基本公共服务均等化。地方党委政府将国有林区森林覆盖率、森林蓄积量变化纳入考核指标，对林地保有量、征占用林地定额等进行年度目标责任考核；落实森林防火行政首长负责制，与森工企业建立森林防灭火一体化工作机制，国有林区人为森林火灾发生率连续3年为"零"。七是林区职工生产生活不断改善。多渠道创造就业岗位，使22.74万名职工得到妥善安置；林区职工年均工资由改革前的3万元增长到2019年的4.5万元，林区职工医疗、养老等社会保障基本实现全覆盖。国有林区供电、饮水、道路、管护用房建设等纳入国家支持范围，完成棚户区改造13.3万户，近2万名深山远山职工搬入中心城镇。

主要存在问题 改革工作虽然取得了显著成绩，但国有林区基础设施落后，教育、医疗等公共服务水平较低，产业结构相对单一，发展动能不足的问题仍然存在。同时，部分地区还存在地方政府承接森工企业办社会职能较为困难的问题。

（二）国有林场改革

2020年是国有林场改革收官之年。按照"查缺补漏、精准完善、巩固提升"的思路，推动改革工作全面收官，总结改革工作完成情况，抓好各项政策出台和落实，圆满完成了各项任务。

改革全面收官 一是抽查验收整改。与国家发展和改革委员会联合印发国家重点抽查验收反馈意见，要求内蒙古等9个省（自治区）对照整改，9个省（自治区）党委政府高度重视，安徽省委书记、省长，内蒙古、山东、河南、广西人民政府分管负责同志作出批示，福建省人民政府出台了国有林场人才队伍建设意见，安徽、河南、广西等省份将国有林场道路、饮水安全、电网和电力设施改造等基础设施建设纳入地方"十四五"规划。二是巩固提升改革成效。经商国家发展和改革委员会同意，印发《关于进一步巩固和提升国有林场改革成效的通知》，要求各省（自治区、直辖市）一个一个林场地排查，精准精细抓好落实工作，确保改革不留死角。25个省（自治区）报送了整改报告。浙江省人民政府办公厅下发整改通知，甘肃省人大就改革落实情况进行专题调研，提出了工资缺口、人才缺乏、编制少、基础设施滞后等11个方面的问题，督促协调省级有关部门要完成整改。三是开展国有林场改革满意度测评。委托国家林业和草原局发展研究中心和林产工业规划设计院，从国有林场和职工两个层面开展国有林场改革满意度测评。从结果看，国有林场满意度为95.83%，职工满意度为93.55%。四是撰写改革总结报告。对照《国有林场改革方案》，梳理3大改革目标和22项改革任务完成情况，中央确定的改革目标基本实现，改革任务全面完成。在此基础上，起草了《国有林场改革总结报告》，与国家发展和改革委员会体改司2次召开专题会议研究报告具体内容，征求中央机构编制委员会办公室、财政部、人力资源和社会保障部、交通运输部、民政部、水利部、自然资源部、审计署、银行保险监督管理委员会、国家能源局等部委意见，修改完善后经局领导同意后报送国家发展和改革委员会。

政策出台和落实 一是会同人力资源和社会保障部联合印发《国有林场职工绩效考核办法》，该办法旨在建立公正客观的考核机制，有效评价国有林场职工的德才表现和工作实绩，调动职工工作积极性。二是会同国家档案局联合印发《国有林场档案管理办法》，该办法旨在进一步规范国有林场档案管理，明确档案分类、归档内容和保管期限等，并把这项工作纳入档案系统的业务指导范围。三是协调银行保险监督管理委员会联合印发国有林场债务化解通知，对符合条件的5.29亿元债务进行化解。四是印发管护用房建设试点方案（2020—2022年），在内蒙古、江西、广西、重庆、云南5个省（自治区）继续开展国有林场管护用房建设试点，试点期内建设管护用房1212处，中央投资2.38亿元。五是加强改革成效宣传，出版《国有林场改革与实践（2017—2019）》。

（三）集体林权制度改革

2020年，集体林权制度改革持续推进，取得积极进展。全国承包大户、家庭林场、农民林业专业合作社、林业企业等新型林业经营主体达29.43万个，林权抵押贷款面积保持666.67万公顷左右，贷款余额726亿元。一是加强集体林权管理工作。会同国家市场监管总局出台《关于印发集体林地承包合同和集体林权流转合同示范文本的通知》，引导和规范合同当事人签约履约行为。联合自然资源部出台《关于进一步规范林权类不动产登记做好林权登记与林业管理衔接的通知》，着力解决林权登记难的问题，推动林权类不动产登记工作。集体林地承包经营纠纷调处工作纳入平安中国建设考核范围。二是推进林业公共资源交易平台相关工作。会同国家发展和改革委员会出台了《公共资源交易平台系统林权交易数据规范》，引导集体林权纳入公共资源交易平台公开交易，促进林权交易公正公平，保障当事人合法权益，推动集体林权流转市场健康发展。三是组织举办集体林权制度改革政策培训班，座谈深化集体林权制度改革工作情况，交流推广地方典型经验和做法，解读乡村振兴与现代林业发展政策，听取集体林业综合改革试验区试验任务总结评估情况报告，重庆、安徽、浙江等省（直辖市）做了典型经验交流。四是加快推进集体林权综合监管系统建设。组织开发了集体林权综合监管系统，涵盖林权登记管理、权源表、承包管理、流转管理、经营主体、林权收储管理、改革统计、林权管制等多个模块。开展系统试运行和用户培训，指导各地使用系统并完善数据库，推动实现多级、多部门之间相关业务数据的互联互通。五是组织开展深化集体林改研究。集中研讨了深化集体林权制度改革的政策措施。组织启动了绿水青山转换为金山银山有效途径重大课题研究。

（四）草原改革

保护修复制度建设　　起草并报请国务院审议《关于加强草原保护修复的若干意见》。印发《国家林业和草原局关于进一步加强草原禁牧休牧的通知》《国家林业和草原局关于公布首批国家草原自然公园试点建设名单的通知》《国家林业和草原局关于印发〈草原征占用审核审批管理规范〉的通知》。研究制定《草畜平衡管理办法》。组织开展草原生态保护补奖政策研究，形成《草原生态保护补奖政策评估及后续政策建议》《北方牧区草原生态补奖标准测算研究报告》等成果。举全局之力推进《中华人民共和国草原法》修改，多次到全国人民代表大会环境与资源保护委员会汇报《中华人民共和国草原法》修改进展和工作计划。

草原自然公园建设试点　　按照《关于建立以国家公园为主体的自然保护地体系的指导意见》精神，2020年，开展了国家草原自然公园试点建设工作，印发《关于公布首批国家草原自然公园试点建设名单的通知》，根据各地推荐情况，确定在内蒙古敕勒川等39处草原开展国家草原自然公园试点建设，并明确试点单位要研究编制国家草原自然公园试点建设方案及总体规划，组建管理机构，在严格保护好草原生态的前提下，逐步建立保护管理与合理利用的保障机制，维护相关利益者的权益，依法科学开展生态保护、科研监测、生态旅游和文化宣教等活动，总结试点经验，为全面推进国家草原自然公园建设打好基础。首批39处国家草原自然公园试点建设覆盖11个省（自治区）的14.7万公顷草原，填补了我国草原自然公园的空白。

国有草场建设试点　　为探索草原生态保护与科学利用协调发展新思路、新模式，借鉴国有林场的有益做法，探索推进国有草场建设试点工作，通过建设管护发挥草原的生态、经济和社会文化功能，吸引多方参与草原保护修复和合理利用，推动形成可持续的草原治理体系和长效建管机制，促进草原休养生息、保护修复成果巩固和现代草业发展。

Ⅰ 投资融资

P55-62

- 林草投资
- 林草固定资产投资
- 资金管理

投资融资

2020年，林草部门认真落实党中央、国务院决策部署，紧紧围绕推进大规模国土绿化、全面保护天然林、建立以国家公园为主体的自然保护地体系、湿地保护修复、野生动植物保护、禁食陆生野生动物等重点工作，不断完善财政政策，加大林草生态保护修复的资金支持力度。林业草原生态保护恢复、林业改革发展、国有贫困林场扶贫等安排中央财政资金1053.26亿元，国土绿化中央预算内投资278.52亿元，国家储备林等林业项目发放贷款322.00亿元，为加快林业草原生态建设和改革发展提供了重要保障。

（一）林草投资

资金来源 我国林草生态建设资金来源包括中央资金、地方资金、金融机构贷款、利用外资、自筹资金及其他社会资金。2020年，全国林草投资完成额为4716.82亿元，与2019年相比增长4.23%。其中，国家资金2879.60亿元，占全部投资完成额的61.05%；金融机构贷款等社会资金1837.22亿元，占全部投资完成额的38.95%（表1）。中央资金中，预算内基本建设资金221.34亿元，占全部中央资金的18.78%；中央财政资金957.06亿元，占81.22%。2020年，林草生态建设实际利用外资3.97亿美元，与2019年相比增加2.32亿美元，占全国实际使用外资金额①的0.28%，比2019年上升了0.15个百分点（图5）。

表1　2020年林草生态建设投资来源构成

林草投资完成额	金额（亿元）	占比（%）
合计	4716.82	—
中央资金	1178.41	24.98
地方资金	1701.19	36.07
国内贷款	363.60	7.71
利用外资	25.58	0.54
自筹资金	822.79	17.44
其他社会资金	625.25	13.26

资金使用 我国林草生态建设资金主要用于生态保护修复、林草产品加工制造、林业草原服务保障与公共管理等。2020年，全国生态修复治理完成投资

---

① 2020年全国实际利用外资1443.7亿美元，数据来源于中华人民共和国商务部官网。

图5 2011－2020年林业生态建设利用外资金额及所占比重

2441.51亿元，占全部完成投资额的51.76%，资金主要来自中央和地方财政，两者合计占生态修复治理完成投资的65.56%（图6）。全国林草产品加工制造完成投资1049.18亿元，占完成投资额的22.24%，经营者自筹资金和社会资本占一半以上。全国林业草原服务保障和公共管理完成投资1226.13亿元，占完成投资额的26.00%，主要来自中央和地方财政。

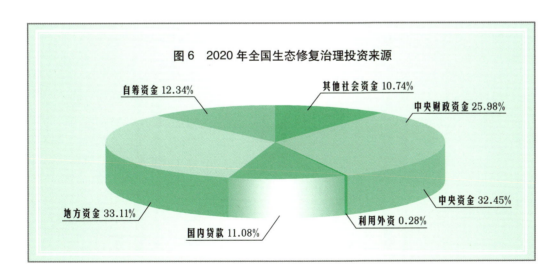

图6 2020年全国生态修复治理投资来源

分区域林草投资 2020年，东部地区林草生态建设完成投资1074.39亿元，占全国完成投资的22.78%，与2019年相比减少了3.47%；国家投资794.33亿元，占东部地区完成投资的73.93%。其中，用于生态修复治理649.85亿元，林草产品加工制造投资112.36亿元，林业草原服务保障和公共管理投入312.18亿元，在东部地区林草生态建设投资中所占比重依次为60.48%、10.46%和29.06%。中部六省林草生态建设完成投资923.47亿元，占全国完成投资额的19.58%，与2019年相比减少了6.25%；国家投资466.07亿元，约占当年完成投资的一半。中部地区当年完成投资中，生态修复治理完成投资527.05亿元，占完成投资额的57.07%；林草产品加工制造投资197.96亿元，占21.44%；林业草原服务保障和公共管理投入198.46亿元，占21.49%。西部地区林草生态建设完成投资2111.85亿元，占全国完成投资额的44.77%，与2019年相比增加了1.32%；其中，国家投资1025.46亿元，占全部完成投资的近一半。当年完成投资中，用于生态修复治理1108.90亿元，占全部投资的52.51%；林草产品加工制造完成投资472.47亿元，占22.37%；林业草原服务保障和公共管理投入530.48亿元，占25.12%。东北三省林草生态建设完成投资557.42亿元，在全国完成投资额中占11.82%，与2019年相比增长89.08%；其中，国家投资544.04亿元，占当年完成投资的97.60%。当年投资中，用于生态修复治理151.16亿元，所占比重为27.12%；林草产品加工制造投资266.35亿元，占47.78%；林业草原服务保障和公共管理投入139.91亿元，占25.10%。东北、内蒙古重点国有林区，包括内蒙古森工集团、龙江森工集团、吉林森工集团、长白山森工集团、伊春森工集团和大兴安岭林业集团。2020年，东北、内蒙古重点国有林区林草生态建设完成投资200.02亿元，占全国完成投资总额的4.24%，与2019年相比增加了2.91%；其中，国

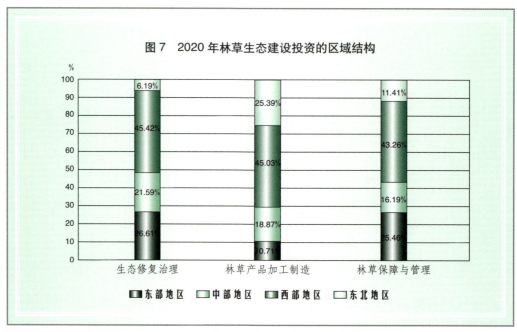

图7　2020年林草生态建设投资的区域结构

注：生态修复治理投资中，中央直属单位完成4.56亿元，占0.19%；林草保障与管理投资中，中央直属单位完成45.09亿元，占3.68%。

家投资194.97亿元，占完成投资额的97.48%。按资金用途划分，生态修复治理投资100.19亿元，占完成投资的50.09%；林草产品加工制造投入575万元，占0.03%；林业草原服务保障和公共管理投资99.77亿元，占49.88%。对比发现（图7），西部地区和东北国有林区是我国生态保护和修复的主战场，集中了近60%的国家投资。

（二）林草固定资产投资

林草固定资产投资是为支持林业草原固定资产建设项目而安排的各级财政预算资金。

完成投资 2020年，全国累计完成林草固定资产投资869.89亿元，占全部投资完成额的18.44%。与2019年相比减少了9.16%；其中，国家投资246.68亿元，仅占28.36%。按投资构成划分，建筑工程投资304.64亿元，安装工程投资41.49亿元，设备工器具购置投入54.46亿元，其他投资469.30亿元（图8）。当年，全国新增固定资产423.47亿元，与2019年相比增加了11.61%。

到位资金 2020年，全国实际到位林草固定资产投资897.79亿元，与2019年相比减少了0.53%。其中，2019年结转和结余资金68.35亿元，当年新到位资金829.44亿元。当年到位资金按来源划分，国家预算内资金307.70亿元，国内贷款36.68亿元，债券8.02亿元，利用外资17.14亿元，单位自筹资金355.81亿元，其他社会资金104.09亿元。总体上，2020年我国新到位林草固定资产主要来自社会投资，财政资金仅占37.09%，自筹资金和其他社会资本占比达到了55.45%（图9）。

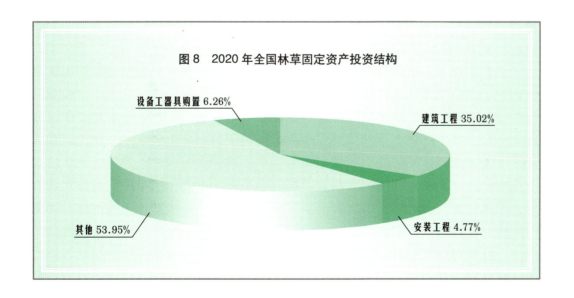

图8　2020年全国林草固定资产投资结构

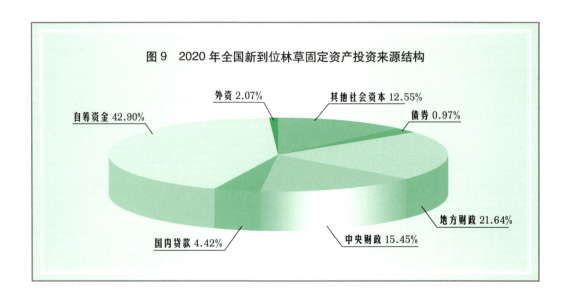

图9　2020年全国新到位林草固定资产投资来源结构

（三）资金管理

制度建设　一是修改资金管理办法，联合财政部印发《林业草原生态保护恢复资金管理办法》《林业改革发展资金管理办法》。二是建立项目储备制度，与财政部等部门联合印发《关于加强生态环保资金管理推动建立项目储备制度的通知》，与财政部联合印发《中央财政林业草原项目储备库入库指南》。

监督制约　系统梳理资金项目管理事前、事中、事后各环节各流程，完善重大专题研究会商平台、资金项目会商平台和信息共享平台，健全资金项目管理制度，严格程序管理，实施审计全覆盖等强化资金项目监管举措，构建"1+3+N"资金项目监督约束长效机制。加强林业草原转移支付资金使用效益调查，对2019年林业草原财政资金收支及使用情况进行审核。

资金审计　一是加强内部审计制度建设。修订《国家林业和草原局局属单位领导干部经济责任审计规定》《国家林业和草原局内部审计工作操作规范》等相关制度规定。二是作为全面从严治党的创新举措，2020年首次对58个二级直属单位、18个三级直属单位、21个尚未脱钩学会协会实施审计全覆盖，有力促进了各单位领导干部履职尽责和规范资金项目管理。同时，督导相关单位全面从严整改，加强各部门协调联动，综合运用审计成果，把审计监督与党管干部、纪律检查、追责问责结合起来。完成82个单位预算执行和专项审计，实现内部审计全覆盖，促进有关单位加强预算管理、提高决策水平、规范资金使用。三是组织开展行业资金项目审计调研。完成6个省（自治区）2017－2019年新一轮退耕还林还草、天然林保护、贷款贴息中央财政转移支付资金政策落实和资金使用管理情况审计调研，以及重点国有林区改革政策落实情况审计调研和黑龙江省重点国有林区防火道路、森林防火项目及管护用房建设情况监督检查。四是开展林草生态扶贫资金监管工作。完成4个定点扶贫县2019年林草生态扶贫资金使用管理情况调研。对山西省生态护林员政策落实及资金使用管理情况进行调研。

专栏12　林草金融创新

加强与开发性政策性金融机构合作，金融创新服务国家重大战略，林业贷款项目融资规模持续扩大。2020年，国家开发银行、中国农业发展银行新增授信795亿元，新增放款322亿元。围绕长江大保护、黄河流域生态保护和高质量发展、乡村振兴等重大战略，推动国家储备林建设、国土绿化、木本油料产业发展等重点领域重点项目；2020年新增157个贷款项目，利用两行贷款完成国家储备林任务35.22万公顷。森林保险覆盖面进一步扩大，2020年投入森林保险总保费36.41亿元，其中，各级财政补贴32.23亿元，政策覆盖33个参保地区和单位，参保面积1.62亿公顷，较2019年增加0.05亿公顷，保障能力提高到15883亿元。推动草原保险工作，2020年全国首个财政保费补贴型天然草原保险试点项目在内蒙古乌拉特后旗落地，以禁牧区草原和草畜平衡区草原为保险标的，以旱灾、病虫鼠害、沙尘暴和火灾为保险责任，以受灾草原不同灾害等级和对应损失面积确定赔偿标准的保险产品，每亩草原保险金额20元，每亩保险费1元，地方财政补贴90%，牧民自担保费10%，总体风险保障额度2000余万元。

J 产业发展

P63-68

- 产业总产值
- 产业结构
- 产品产量和服务

产业发展

2020年,全国林业总产值继续增长,第一、二产业均有不同幅度增长,第三产业略有减少,中部和西部地区林业总产值保持增长趋势,东部和东北地区林业产业总产值呈减少趋势。全国木材产量、经济林面积继续增加,林草旅游呈健康发展态势,林草会展经济保持强大活力。

(一) 产业总产值

林业产业总产值继续增长,但增速明显放缓。2020年,林业产业总产值达到8.12万亿元(按现价计算),比2019年增长0.50%,同比增速减少5.4个百分点。自2011年以来,林业产业总产值的平均增速为11.45%(图10)。

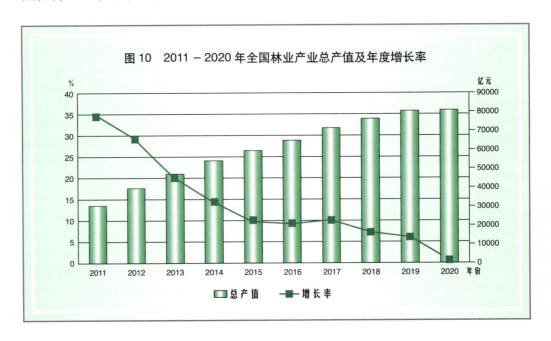

图10　2011－2020年全国林业产业总产值及年度增长率

分地区看,东部地区林业产业总产值33804.51亿元,中部地区林业产业总产值21625.49亿元,西部地区林业产业总产值22750.72亿元,东北地区林业产业总产值2995.64亿元(图11)。中部、西部地区林业产业总产值有所增加,东部地区林业产业总产值有所减少,东北地区林业产业总产值大幅减少。各地区林业产业总产值增速有所放缓,中部地区增速为1.73%,西部地区仍然保持较高速度增长,增速为4.62%,东部地区则出现了负增长,为-1.21%,东北地区继续呈现出进一步负增长,为-15.12%,东部地区林业产业总产值所占比重最大,占全部林业产业总产值的41.64%。受国有林区天然林商业性采伐全面停止和森工企业转型影响,东北地区林业产业总产值连续6年出现负增长。

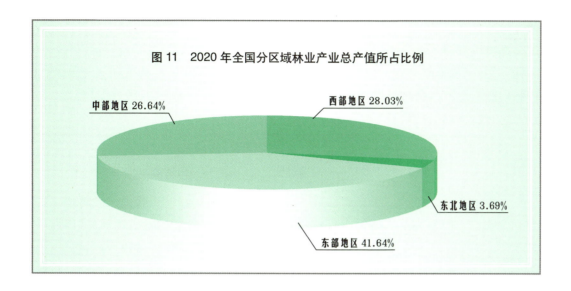

图11 2020年全国分区域林业产业总产值所占比例

全国林业产业总产值超过4000亿元的省份共有10个，分别是广东、广西、福建、山东、江西、湖南、江苏、浙江、安徽、四川。其中，广东省遥遥领先，是唯一一个林业产业总产值超过8000亿元的省份；广西壮族自治区位居第二，林业产业总产值超过了7000亿元，为7520.75亿元（图12）。

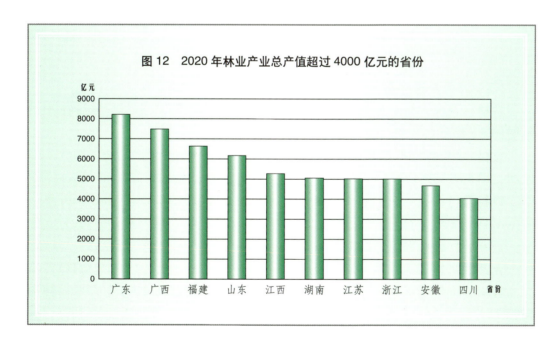

图12 2020年林业产业总产值超过4000亿元的省份

（二）产业结构

2020年，林业一、二、三产业产值，与2019年相比，林业第一产业和第二产业产值都有不同幅度增加，第三产业受疫情影响略有减少。林业产业结构得到进一步优化，由2019年的31∶45∶24调整为32∶45∶23，第一产业比重增加1

个百分点，第三产业比重则降低1个百分点。林业第一产业产值26302.21亿元，占全部林业产业总产值的32.40%，同比增长4.11%；林业第二产业产值36433.16亿元，占全部林业产业总产值的44.88%，同比增长0.66%；林业第三产业产值18441.09亿元，占全部林业产业总产值的22.72%，同比减少4.40%（图13）。

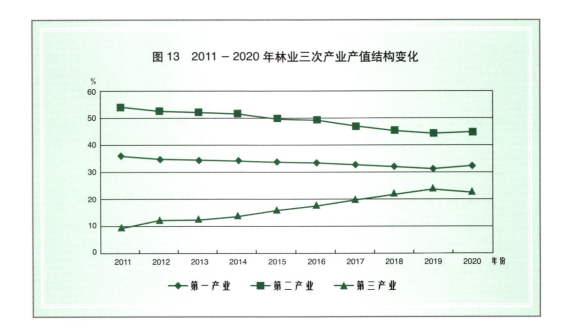

图13 2011－2020年林业三次产业产值结构变化

（三）产品产量和服务

木材 全国木材（包括原木和薪材）总产量为10257.01万立方米，比2019年增加211.16万立方米，同比增长2.10%（图14）。

锯材 全国锯材产量为7592.57万立方米，比2019年增加847.12万立方米，同比增长12.56%（图14）。

竹材及竹产品 全国竹材产量为32.43亿根，比2019年增加9785.76万根，同比增长3.12%。竹地板产量为6783.25万平方米，竹胶合板产量1715.69万立方米，竹笋干产量96.73万吨。

人造板 全国人造板总产量为32544.65万立方米，比2019年增加1685.45万立方米，同比增长5.46%（图14）。其中，胶合板19796.49万立方米，增加1790.76万立方米，同比增长9.95%；纤维板6226.33万立方米，增加26.72万立方米，同比增长0.43%；刨花板产量3001.65万立方米，增加21.92万立方米，同比增长0.74%（图15）；其他人造板产量3520.18万立方米，减少153.94万立方米，同比减少4.19%。

鲜草 全国鲜草产量为111289.03万吨，比2019年增加762.63万吨，同比增长0.69%。

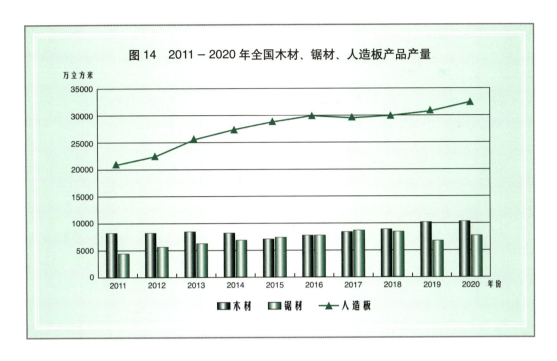

图14　2011-2020年全国木材、锯材、人造板产品产量

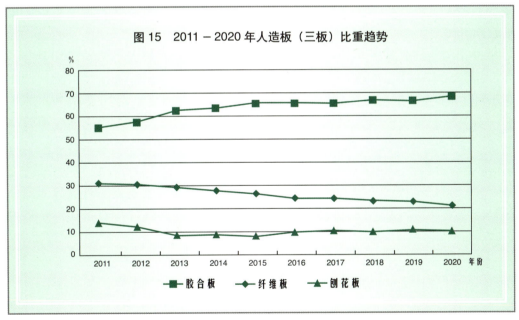

图15　2011-2020年人造板（三板）比重趋势

家具　全国木制家具总产量32157.27万件，比2019年增长1.88%。

木浆　全国纸和纸板总产量11260万吨，比2019年增长4.6%；纸浆产量7378万吨，比2019年增长2.37%，其中，木浆产量1490万吨，比2019年增长17.51%。

林产化工产品　全国松香类产品产量103.33万吨，比2019年减少40.53万吨，同比减少28.17%。

经济林产品　全国经济林面积超过4000万公顷，全国各类经济林产量为

19970.12万吨，其中，水果产量最高，为16345.95万吨，占经济林产量总数的81.85%；板栗225.26万吨，油茶籽314.16万吨，核桃479.59万吨，紫胶（原胶）3642吨。

林下经济 全国林下经济的产值约为1.08万亿元。经全国评比达标表彰工作协调小组办公室批准，国家林下经济示范基地列入《全国创建示范活动保留项目目录（第二批）》。

花卉 全国花卉种植面积147.24万公顷，花卉销售额2020.61亿元，出口额3.87亿美元，观赏苗木面积97.61万公顷，切花切枝切叶259.85亿枝，盆栽植物296.46亿盆，花卉市场3282个，花卉从业人员651万人。

林草旅游与休闲 林草旅游与休闲产业继续保持健康发展态势，旅游人次为31.68亿人次，比2019年减少7.38亿人次。其中，全年森林旅游游客量达到18.68亿人次，占国内旅游人数的64.88%。在全国森林旅游游客人数中，森林公园接待的人数为7.40亿人次，占比为39.61%。

会展经济 2020年10月18日至11月18日，由全国绿化委员会、国家林业和草原局、贵州省人民政府共同主办，贵州省绿化委员会、林业局、黔南布依族苗族自治州人民政府承办单位的第四届中国绿化博览会在贵州省黔南布依族苗族自治州成功举办。第四届绿博会共有57个单位参展，建成56个室外展园，先后举办了国土绿化成就展览、插花花艺大赛、盆景大赛等大小活动1200余场，吸引游客52万人次，实现门票、餐饮、观光车辆服务等园区直接经济收入1280余万元。与浙江省人民政府联合举办了第十三届中国义乌国际森林产品博览会。森林产品博览会首次采取线上线下同步办展方式。线下在义乌国际博览中心设展馆5个、特色展区10个、展位2152个，展览面积5万平方米，参展商品有8大类近10万种。1236家国内外企业参展，到会客商13.23万人次、专业采购团队13个，累计实现成交额26.48亿元。同时，线上展会开展迎展、直播等活动，1016家企业和2.26万名采购商入驻线上展会，累计网络关注浏览量达516.35万人次。

K

产品市场

- 木材产品市场供给与消费
- 原木和锯材价格
- 主要林产品进出口
- 主要草产品进出口

产品市场

林产品出口增长1.43%、进口下降0.95%。其中，木质林产品出口小幅增长、进口较快下降，在林产品出口和进口中占比下降；非木质林产品进出口中低速增长、出口增速低于进口增速。林产品贸易顺差扩大。木材产品市场总供给（总消费）为55493.77万立方米，比2019年增长4.05%。其中，国内供给小幅扩大、进口较快增长，进口在木材产品总供给中的份额小幅回升；国内实际消费低速增长、出口小幅增加、库存增量回落。原木与锯材产品总体价格水平和进口价格水平环比波动上涨、同比大幅下跌，进口价格水平波幅明显大于总体价格水平波幅。草产品出口49.36万元，进口7.20亿元、比2019年增长8.43%；进出口以草饲料为主。

（一）木材产品市场供给与消费

1. 木材产品供给

木材产品市场供给由国内供给和进口两部分构成（图16）。国内供给包括商品材、木质纤维板和刨花板（图17）；进口包括进口原木、锯材、单板、人造板、家具、木浆、纸和纸制品、废纸、木片及其他木质林产品。2020年木材产品市场总供给为55493.77万立方米，比2019年增长4.05%。

商品材 全国商品材产量10257.01万立方米，比2019年增长2.10%。其中，原木9182.28万立方米、薪材（不符合原木标准的木材）1074.73万立方米，分别比2019年增长1.79%和4.86%。

木质纤维板和刨花板 木质纤维板产量5935.88万立方米、木质刨花板产量为3001.65万立方米，分别比2019年增长0.42%和0.74%。木质纤维板和刨花板折

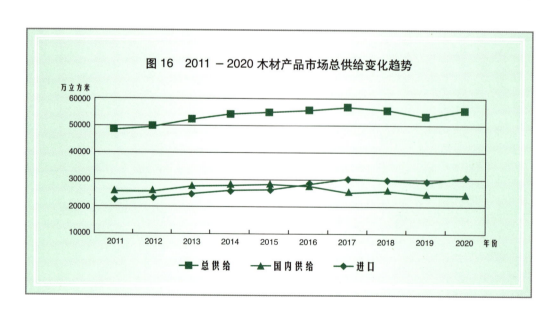

图16 2011－2020木材产品市场总供给变化趋势

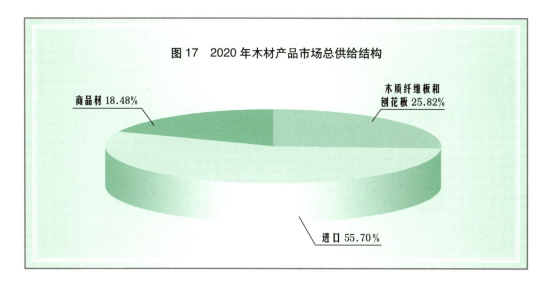

合木材供给15187.06万立方米,扣除与薪材产量的重复计算部分,相当于净折合木材供给14327.28万立方米。

进口 我国木质林产品进口折合木材30909.48万立方米。其中,原木5970.80万立方米,锯材(含特形材)4420.29万立方米,单板和人造板663.89万立方米,纸浆及纸类(木浆、纸和纸板、废纸和废纸浆、印刷品)17140.00万立方米,木片2434.62万立方米,家具、木制品及木炭279.88万立方米。

2. 木材产品消费

木材产品市场消费由国内消费和出口两部分构成(图18)。国内消费包括工业与建筑用材消费(图19);出口包括原木、锯材、单板、人造板、家具、木浆、木片、纸和纸制品、废纸及其他木质林产品。2020年,木材产品市场总消费为55493.77万立方米,比2019年增长4.05%。

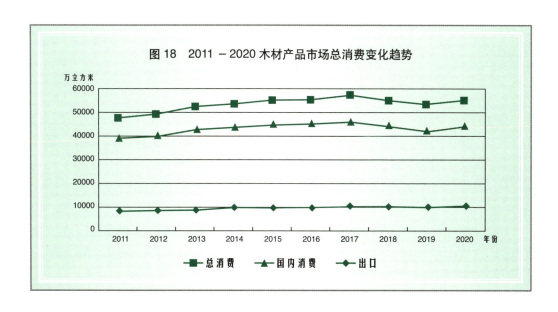

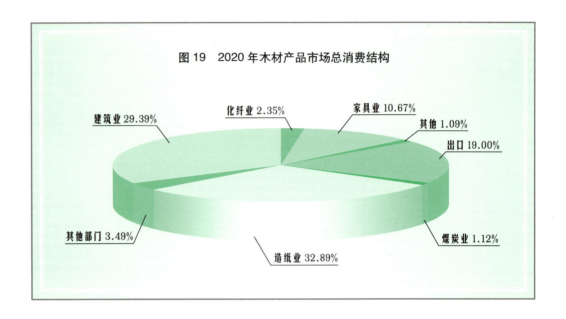

图19　2020年木材产品市场总消费结构

工业与建筑用材　据国家统计局和有关部门统计，按相关产品木材消耗系数推算，2020年我国工业与建筑用材折合木材消耗量为44341.27万立方米，比2019年增长5.03%。其中，建筑业用材（包括装修与装饰）16307.12万立方米、家具用材（指国内家具消费部分，出口家具耗材包括在出口项目中）5919.06万立方米、煤炭业用材623.94万立方米，包装、车船制造、林化等其他部门用材1935.99万立方米，分别比2019年下降2.79%、3.36%、1.94%和1.96%；造纸业用材18253.38万立方米、化纤业用材1301.78万立方米，分别比2019年增长17.89%和6.27%。

出口　我国木质林产品出口折合木材10545.85万立方米。其中，原木2.18万立方米，锯材（含特形材）48.22万立方米，单板和人造板3126.35万立方米，纸浆及纸类（木浆、纸和纸板、废纸和废纸浆、印刷品）2799.85万立方米，家具4252.06万立方米，木片、木制品和木炭317.19万立方米。

其他　增加库存等形式形成的木材消耗为606.65万立方米。

3. 木材产品市场供需特点

2020年，我国木材产品市场供需的主要特点表现为：木材产品总供求中低速增长，其中，国内供给小幅扩大，进口较快增长，进口量超过国内供给量；国内需求较快增长、出口和库存小幅增加；原木与锯材产品总体价格水平和进口价格水平环比波动上涨，同比大幅下跌；进口价格水平波幅大于总体价格水平波幅。

木材产品总供给中低速增长，国内供给小幅扩大，进口较快增长、在木材产品总供给中的份额回升　从国内供给看，2020年原木和薪材产量小幅增长、刨花板和木质纤维板产量略有扩大，国内木材产品实际供给增长1.02%；从进口看，木浆、纸和纸产品、木片和刨花板进口量大幅增长，原木进口量略有增加，但锯材和废纸进口量大幅下降，木材产品进口总量增长6.60%，占木材产品总供给的55.70%，提高1.33个百分点。

木材产品实际总消费（国内生产消费与出口）低速增长，国内实际消费明显扩大，出口小幅增加、在总消费中的份额下降，库存增量回落 从国内消费看，2020年，造纸业和化纤业用材消耗大幅增长，家具和建筑业用材消耗小幅下降，木材产品国内消费增长5.03%；同时，木质家具和胶合板的出口量较快增长，但纸和纸板、纤维板出口有所下降，木材产品出口总规模增长3.76%，在木材产品总消费中的份额下降0.19个百分点。由于国内实际消费增速快于供给增速，尽管进口增速高于出口增速，木材产品实际总消费增速仍大于总供给增速，木材产品库存增量回落36.04%。

（二）原木和锯材价格

原木与锯材产品总体价格水平和进口价格水平环比波动上涨，同比大幅下跌，进口价格水平波幅明显大于总体价格水平波幅；从木材总体价格与进口价格的关系看，二者变化趋势高度一致。

根据商务部和中国木材与木制品流通协会发布的木材市场价格综合指数的月度数据，2020年木材（原木和锯材）价格呈现环比"微幅波动上涨"、同比"全面下降，但降幅波动收窄"的变化特征。从环比变化看，大体可分为2个阶段。第一阶段是1~9月的"波动稳定期"，市场价格综合指数在110%上下微幅波动，环比波动幅度在-1.0%~1.0%之间；第二阶段是10~12月的"持续小幅上涨期"，市场价格综合指数由9月的110.8%持续上涨至12月的114.2%（图20）。

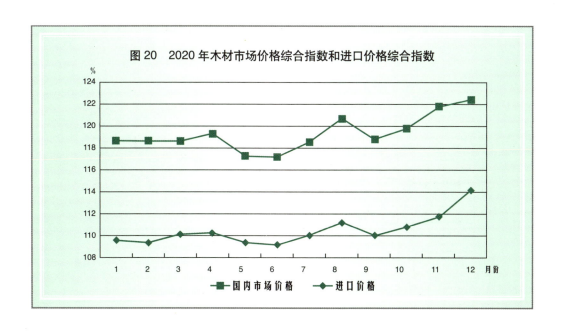

图20 2020年木材市场价格综合指数和进口价格综合指数

从各月环比变化看,除12月的涨幅为2.15%外,其余月份的涨跌幅度均未超过1.0%(图21)。与2019年同比变化看,各月价格全面大幅下降,降幅由1月的11.97%波动收窄至12月的4.75%,降幅范围为4.75%~12.13%、平均降幅为10.38%;其中,1~7月的降幅为10.78%~12.13%,8~11月的降幅为8.88%~9.98%(图22)。

2020年,进口木材(原木和锯材)价格与国内市场木材价格类似,呈现环比"小幅波动上涨"、同比"全面大幅下降,但降幅波动收窄"的变化特征。从环比变化看,大体可分为2个阶段。第一阶段是1~9月的"波动稳定期",市场价格综合指数在118%上下微幅波动,环比波动幅度在-1.68%~1.77%之

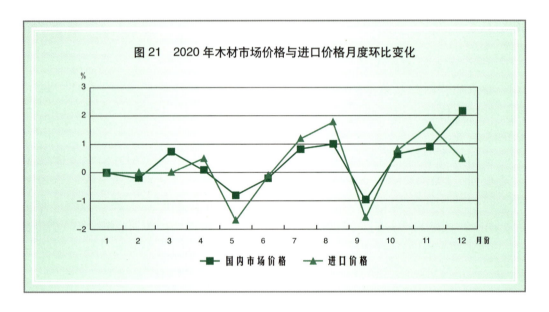

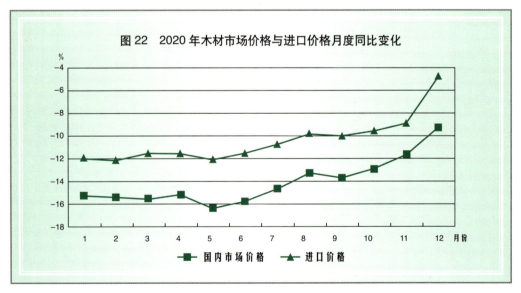

间；第二阶段是10～12月的"持续小幅上涨期"，市场价格综合指数由9月的118.80%持续上涨至12月的122.40%（图20）。从各月环比变化看，各月涨跌幅度未超过1.80%，其中，5～6月和9月的跌幅为0.09%～1.68%，1～3月价格持平，其他月份的涨幅为0.48%～1.67%（图21）。与2019年同比变化看，各月价格全面下降，降幅由1月的15.27%波动收窄至12月的9.27%，降幅范围为9.27%～16.39%、平均降幅为14.11%；其中，1～6月的降幅为15.21%～16.39%，7～11月的降幅为11.68%～14.68%（图22）。

（三）主要林产品进出口

1. 基本态势

林产品出口小幅增长、进口略有下降，贸易顺差扩大；在全国商品出口和进口贸易中所占比重基本持平 2020年，林产品进出口贸易总额为1507.16亿美元，比2019年增长0.24%。其中，林产品出口764.70亿美元，比2019年增长1.43%，低于全国商品出口3.69%的平均增速，占全国商品出口额的2.95%，比2019年下降0.07个百分点；林产品进口742.46亿美元，比2019年下降0.95%，低于全国商品进口1.02%的平均降速，占全国商品进口额的3.61%、与2019年持平（图23）。林产品贸易顺差为22.24亿美元，比2019年扩大17.90亿美元。

林产品进出口贸易中木质林产品仍占绝对比重，但份额下降 2020年，林产品进出口贸易总额中，木质林产品占66.78%，比2019年下降1.28个百分点。其中，出口额中木质林产品占72.42%、进口额中木质林产品占60.98%，分别比2019年下降0.48和2.22个百分点（图24）。

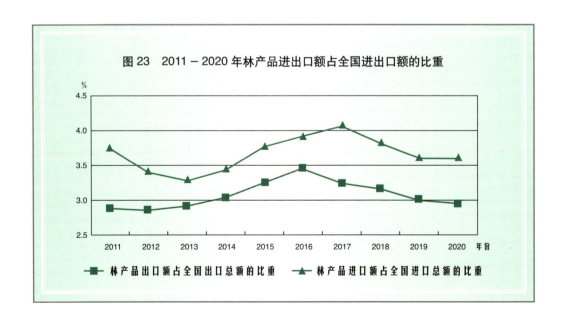

图23 2011－2020年林产品进出口额占全国进出口额的比重

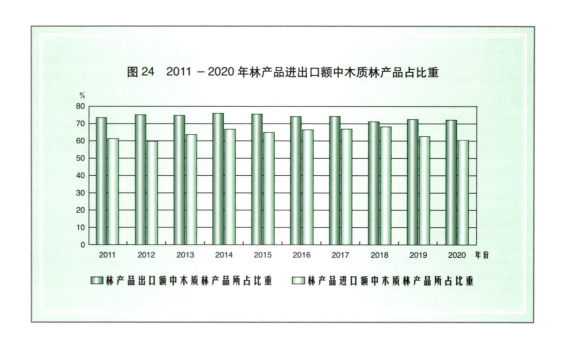

图 24　2011－2020 年林产品进出口额中木质林产品占比重

林产品贸易以亚洲、北美洲和欧洲市场为主，且亚洲和欧洲的集中度提高；出口市场中，亚洲集中了近50％的份额、北美洲市场份额持续下降；进口市场中，亚洲的份额持续提高，已近40％。从主要贸易伙伴看，美国是林产品出口的最大贸易伙伴，但所占份额持续下降；进口市场相对分散，市场份额由东南亚国家向俄罗斯、巴西和北美洲国家转移，俄罗斯取代印度尼西亚成为我国林产品进口的最大贸易伙伴。2020年，林产品出口总额中各洲所占份额依次为亚洲48.76％、北美洲21.27％、欧洲17.58％、非洲4.45％、大洋洲4.96％、拉丁美洲2.98％；与2019年比，大洋洲和亚洲的份额分别提高了0.80和0.63个百分点，北美洲的份额下降了1.34个百分点。林产品进口总额中各洲所占份额分别为亚洲39.49％、欧洲22.07％、拉丁美洲14.17％、北美洲12.23％、大洋洲8.53％、非洲3.51％；与2019年比，亚洲的份额提高了3.52个百分点，北美洲和大洋洲的份额分别下降了1.39和1.34个百分点。从主要贸易伙伴看（图25），前5位出口贸易伙伴依次是美国、日本、越南、中国香港和澳大利亚，共占41.63％的市场份额，比2019年下降1.99个百分点，其中，美国、中国香港和日本的份额分别下降1.43、1.02和0.67个百分点，越南和澳大利亚的份额分别提高1.02和0.75个百分点。前5位进口贸易伙伴分别为俄罗斯、美国、巴西、印度尼西亚和加拿大，集中了45.30％的市场份额，比2019年提高了3.19个百分点，其中，俄罗斯、巴西、美国和加拿大的份额分别提高了3.60、3.28、1.90和1.80个百分点，泰国和印度尼西亚的份额分别下降了5.81和4.05个百分点。

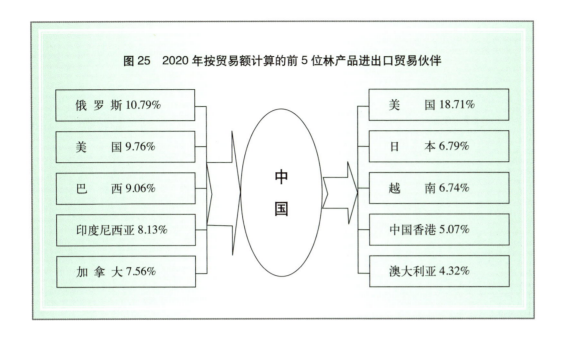

2. 木质林产品进出口

木质林产品出口小幅增长、进口较大幅度下降，进口降幅大于出口增幅；出口产品结构基本稳定、进口产品结构变化明显；贸易顺差大幅扩大。2020年，木质林产品进出口贸易总额为1006.52亿美元，比2019年下降1.65%。其中，出口553.78亿美元、比2019年增长0.76%，进口452.74亿美元、比2019年下降4.44%；贸易顺差为101.04亿美元，比2019年扩大33.18%。

从产品结构看，2020年木质林产品出口额中，木家具、纸及纸浆类产品的份额超过75%（图26），与2019年比，木制品、纸及纸浆类产品的份额分别提高了0.5和0.24个百分点，人造板和木家具的份额分别下降了0.57和0.11个百分点；进口额的近90%为纸及纸浆类产品、原木和锯材类产品（图27），与2019年比，纸及纸浆类产品和木制品的份额分别提高了2.04和0.61个百分点，原木和锯材类产品的份额分别降低了1.35和1.07个百分点。

从市场结构看，木质林产品进出口市场结构相对稳定，但美国的市场份额明显缩小，总体市场集中度下降。按贸易额排序，前5位出口贸易伙伴依次为美国22.69%、日本6.43%、澳大利亚5.40%、英国5.24%、中国香港3.99%；与2019年相比，前5位出口贸易伙伴的总份额下降了1.83个百分点，其中，美国和中国香港的份额分别下降了2.04和0.47个百分点，澳大利亚的份额提高了0.98个百分点。前5位进口贸易伙伴分别为俄罗斯10.79%、美国9.76%、巴西9.06%、印度尼西亚8.13%、加拿大7.56%；与2019年比，前5位贸易伙伴的总份额下降了2.48个百分点，其中，印度尼西亚和加拿大的份额分别下降了1.44和1.09个百分点。

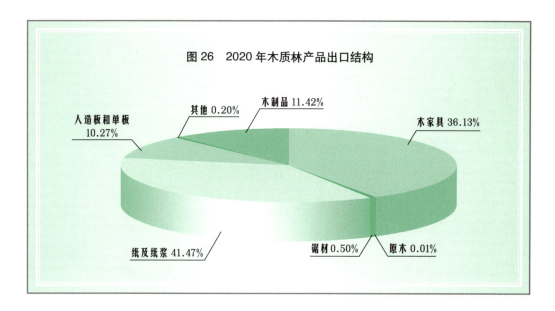

图26 2020年木质林产品出口结构

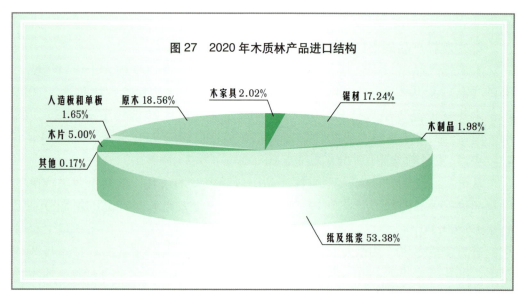

图27 2020年木质林产品进口结构

原木 原木出口量值大幅下降，进口量增值减；进口量中针叶材的份额持续较大幅度提高；原木进出口的总体价格水平进一步大幅下降。

原木出口全部为阔叶材，出口量为2.18万立方米、合0.06亿美元，分别比2019年减少56.92%和60.00%。原木进口5970.80万立方米、合84.00亿美元，与2019年比，进口量增长0.81%、进口额下降10.95%。其中，针叶材进口4681.28万立方米、合54.63亿美元，与2019年比，进口量增长5.23%、进口额下降3.17%。针叶材进口量占原木进口总量的78.40%，比2019年提高3.30个百分点；阔叶材进口1289.52万立方米、合29.37亿美元，分别比2019年下降12.55%和22.53%（图28）。

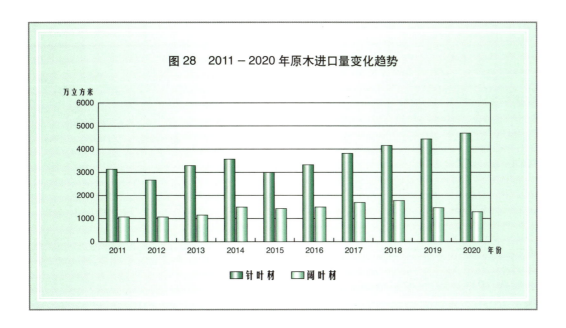

图28 2011－2020年原木进口量变化趋势

从价格看，阔叶材平均出口价格为275.23美元/立方米、平均进口价格为140.68美元/立方米，分别比2019年下降7.15%和11.67%；针叶材和阔叶材的平均进口价格分别为116.70美元/立方米和227.76美元/立方米，分别比2019年下降7.99%和11.41%。

从市场分布看，2020年进口原木主要来源于大洋洲、德国、俄罗斯和北美洲，但大洋洲、俄罗斯和美国的份额减少，德国的份额大幅扩大，市场集中度明显提高（表2、表3）。依贸易额，原木进口前5位贸易伙伴的总份额为60.07%，比2019年提高5.84个百分点，其中，针叶原木进口前5位进口贸易伙伴的总份额为79.9%，比2019年提高3.42个百分点；阔叶原木进口前5位进口贸易伙伴的总份额为53.04%，比2019年提高6.73个百分点。

表2 2020年原木进口数量的前5位贸易伙伴份额变化情况

	原木		针叶材			阔叶材		
贸易伙伴	2020年份额（%）	比2019年变化（百分点）	贸易伙伴	2020年份额（%）	比2019年变化（百分点）	贸易伙伴	2020年份额（%）	比2019年变化（百分点）
新西兰	27.17	-2.77	新西兰	34.49	-5.16	巴布亚新几内亚	20.53	-1.61
德国	17.66	10.50	德国	21.32	11.72	所罗门群岛	15.88	-0.21
俄罗斯	10.61	-2.14	俄罗斯	9.45	0.90	俄罗斯	14.82	2.93
澳大利亚	7.59	-0.57	澳大利亚	8.90	-4.14	巴西	5.61	2.43
捷克	5.69	1.80	捷克	7.23	1.94	美国	5.61	1.14
合计	68.72	4.49	合计	81.39	3.75	合计	62.45	3.38

表3 2020年原木进口额的前5位贸易伙伴份额变化情况

原木			针叶材			阔叶材		
贸易伙伴	2020年份额(%)	比2019年变化(百分点)	贸易伙伴	2020年份额(%)	比2019年变化(百分点)	贸易伙伴	2020年份额(%)	比2019年变化(百分点)
新西兰	22.52	-1.62	新西兰	34.49	-5.68	巴布亚新几内亚	16.37	0.41
德国	14.85	8.92	德国	21.49	13.32	所罗门群岛	10.7	0.05
俄罗斯	8.94	-0.7	俄罗斯	8.73	-2.84	美国	10.47	2.54
美国	7.91	0.09	澳大利亚	7.96	-0.86	俄罗斯	9.33	2.57
澳大利亚	5.85	-0.37	捷克	7.23	2.33	刚果（布）	6.17	0.53

2020年，原木进口数量、结构和价格变化的主要原因：一是受新冠疫情影响，国内经济和固定资产投资增速大幅回落。同时，由于国内木材产量提高，一方面减缓了进口木材需求总量的增长；另一方面，国内建筑装修和家具业不景气，建筑装修和家具用材需求下降，使阔叶材进口量减少，同时，基建用材需求的扩大拉动针叶原木进口数量扩大，导致原木进口总量中阔叶材的份额下降。二是全球木材市场供过于求，导致原木进口价格大幅下降。三是来自德国、捷克等欧洲国家的"虫害材"进口量急剧增长，加上中欧班列对欧洲木材供应链的联通，一方面使进口原木市场格局中德国、捷克等欧洲国家的份额快速提高，另一方面也拉低了原木进口价格。同时受中美贸易摩擦、美国国内木材需求扩大以及俄罗斯原木出口政策的影响，从美国、俄罗斯和加拿大等主要贸易伙伴进口原木数量大幅减少、市场份额下降。

锯材 2020年，锯材进出口量值全面大幅下降；进口量中以针叶材为主，但针叶材的份额略减；进出口价格全面下降，出口价格降幅大于进口价格降幅。2020年，锯材（不包括特形材）出口23.74万立方米，合1.50亿美元，分别比2019年下降3.42%和9.09%。其中，针叶锯材出口9.28万立方米、比2019年下降13.83%，阔叶锯材出口14.46万立方米、比2019年增长4.71%。锯材进口3377.76万立方米，合76.46亿美元，分别比2019年下降8.83%和11.01%；其中，针叶锯材进口2498.75万立方米、阔叶锯材进口879.01万立方米，分别比2019年下降9.53%和6.80%（图29）。从产品构成看，锯材进口总量中，针叶锯材占73.98%，比2019年降低0.57个百分点。从价格看，锯材的平均出口价格为631.84美元/立方米、平均进口价格为226.36美元/立方米，分别比2019年下降5.88%和2.39%。其中，针叶锯材的平均出口价格为581.90美元/立方米、平均进口价格为175.09美元/立方米，分别比2019年下降0.52%和1.75%；阔叶锯材的平均出口价格663.90美元/立方米、平均进口价格为372.12美元/立方米，分别比2019年下降10.11%和4.37%。

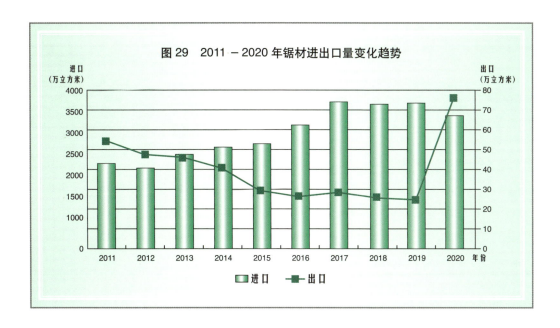

图29 2011－2020年锯材进出口量变化趋势

从市场结构看，锯材出口市场主要集中于日本、越南和美国，市场集中度持续小幅提高（表4）；进口市场以俄罗斯、泰国和加拿大为主，但俄罗斯和加拿大的份额明显减少，市场集中度进一步较大幅度下降（表5、表6）。

表4 2020年锯材出口额的前5位贸易伙伴份额变化情况

贸易伙伴	日本	越南	美国	韩国	德国	合计
2020年份额（%）	47.43	14.28	13.28	8.89	2.95	86.83
比2019年变化（百分点）	-0.63	7.31	-2.16	-1.28	-1.07	2.17

表5 2020年锯材进口数量的前5位贸易伙伴份额变化情况

锯材			针叶锯材			阔叶锯材		
贸易伙伴	2020年份额（%）	比2019年变化（百分点）	贸易伙伴	2020年份额（%）	比2019年变化（百分点）	贸易伙伴	2020年份额（%）	比2019年变化（百分点）
俄罗斯	46.43	-2.94	俄罗斯	59.21	-2.25	泰国	40.37	2.28
泰国	10.50	0.81	加拿大	11.79	-4.11	美国	15.18	1.20
加拿大	9.13	-3.19	乌克兰	4.14	-0.34	俄罗斯	10.11	-3.86
美国	4.85	0.45	芬兰	3.88	0.86	加蓬	6.49	0.69
德国	3.20	0.89	德国	3.78	1.28	菲律宾	3.70	-0.31
合计	74.11	-5.02	合计	82.80	-4.70	合计	75.85	0.00

表6 2020年锯材进口额的前5位贸易伙伴份额变化情况

锯材			针叶锯材			阔叶锯材		
贸易伙伴	2020年份额（%）	比2019年变化（百分点）	贸易伙伴	2020年份额（%）	比2019年变化（百分点）	贸易伙伴	2020年份额（%）	比2019年变化（百分点）
俄罗斯	36.55	-1.09	俄罗斯	58.76	0.19	泰国	29.06	0.79
泰国	12.43	0.35	加拿大	10.99	-4.70	美国	22.26	1.31
美国	10.12	0.53	芬兰	4.45	-1.14	加蓬	7.39	0.20
加拿大	7.40	-2.96	瑞典	3.97	0.84	俄罗斯	6.85	-2.72
加蓬	3.16	0.09	乌克兰	3.94	0.96	印度尼西亚	3.05	0.98
合计	69.66	-3.08	合计	82.11	-3.85	合计	68.61	0.56

2020年，特形材出口大幅下降、进口高速增长。出口7.88万吨、合1.27亿美元，分别比2019年下降19.01%和11.81%；进口13.27万吨、合1.59亿美元，分别比2019年增长93.16%和87.06%；贸易逆差0.32亿美元。特形材进出口中，木地板条出口6.82万吨、合1.03亿美元，分别比2019年下降20.97%和20.16%；进口0.94万吨、合0.23亿美元，分别比2019年增长193.75%和91.67%。

按出口额计，前5位贸易伙伴的市场份额依次为美国33.35%、日本30.24%、韩国11.74%、英国6.55%、澳大利亚4.04%；前5位出口贸易伙伴的总份额与2019年基本持平，其中，日本的份额提高3.53个百分点，美国和加拿大的份额分别下降2.91和1.11个百分点。

锯材进口数量、结构与价格变化的主要原因：一是国内木材总需求因受疫情影响而增长缓慢，加上国内木材产量和原木进口数量的增长，导致锯材进口数量的下降；二是由于国内建筑装修和家具市场的不景气，导致进口阔叶材的需求下降；三是德国和捷克等欧洲国家"虫害材"针叶原木进口量的大幅增加对进口锯材的替代，加上国内基建投资规模增速的回落，导致针叶锯材进口量及其在锯材进口量中的份额下降；四是受进口自德国等欧洲国家"虫害材"锯材数量增加和价格下降以及北美市场需求对加拿大锯材出口的分流影响，锯材进口量中俄罗斯和加拿大等主要贸易伙伴的份额持续下降，同时，锯材进口价格进一步回落。

单板 2020年，单板出口量减值增，进口快速增长，出口价格大幅上涨、进口价格持续大幅下降。

2020年，单板出口43.33万立方米、合5.37亿美元，与比2019年比，进口量下降6.11%、进口额增长2.29%，其中，针叶单板出口0.74万立方米，阔叶单板出口42.59万立方米；单板进口157.66万立方米、合2.50亿美元，分别比2019年增长26.73%和9.65%，其中，针叶单板进口12.84万立方米，阔叶单板进口144.82

万立方米。单板平均出口价格为1239.76美元/立方米、比2019年提高8.99%，平均进口价格为158.28美元/立方米、比2019年下降13.80%。

从市场分布看，单板进出口市场格局变化明显，市场相对集中、且集中度进一步提高。按贸易额计，前5位出口贸易伙伴依次为越南32.41%、柬埔寨11.65%、印度8.14%、印度尼西亚6.43%、新加坡5.50%；与2019年比，前5位出口贸易伙伴的总份额提高0.95个百分点，其中，新加坡、柬埔寨、越南和印度尼西亚的份额分别提高了4.79、4.85、3.51和2.85个百分点，印度和中国台湾的份额分别下降8.41和1.10个百分点。前5位进口贸易伙伴分别为越南33.36%、俄罗斯20.77%、加蓬8.76%、喀麦隆5.67%、泰国3.61%，与2019年相比，前5位进口贸易伙伴的总份额提高3.61个百分点，其中，越南和加蓬的份额分别提高6.61和4.61个百分点，俄罗斯、喀麦隆、乌克兰和泰国的份额分别下降4.17、2.51、1.33和0.61个百分点。

人造板 2020年，人造板出口量增值减，进口量值增长、数量增幅远大于金额增幅；从品种构成看，人造板出口额中，胶合板占绝对比重，胶合板和纤维板份额下降、刨花板份额小幅提高；进口额中以刨花板为主，刨花板和胶合板的份额提高、纤维板的份额小幅下降；从价格看，胶合板和刨花板的出口价格上涨，进口价格下降，纤维板的出口价格大幅下降、进口价格微幅提高（表7）。

表7 2020年"三板"进出口数量与价格变化情况

产品		出口量		出口平均价格		进口量		进口平均价格	
		2020年（万立方米）	比2019年增减（%）	2020年（美元/立方米）	比2019年增减（%）	2020年（万立方米）	比2019年增减（%）	2020年（美元/立方米）	比2019年增减（%）
胶合板		1038.53	3.23	399.80	−8.46	22.40	60.80	575.89	−36.33
纤维板		202.89	−4.91	408.60	−7.45	19.79	−18.29	545.73	0.90
其中：	硬质板	14.38	−13.79	570.24	1.19	3.86	−2.03	621.76	−5.78
	中密度板	187.70	−3.32	396.91	−8.37	15.77	−21.03	526.32	1.06
	绝缘板	0.81	−68.11	370.37	34.39	0.16	−48.39	625.00	93.75
刨花板		37.65	11.85	432.93	55.03	118.74	14.60	217.28	−3.79
其中：OSB		13.48	26.45	304.15	20.08	30.94	20.25	245.64	−7.05

2020年，人造板出口51.50亿美元、比2019年下降5.24%，进口4.99亿美元、比2019年增长0.81%；其中，胶合板、纤维板和刨花板出口额分别为41.52亿美元、8.29亿美元和1.63亿美元，与2019年比，胶合板和纤维板出口额分别下降5.51%和12.00%，刨花板出口额增长73.40%；胶合板、纤维板和刨花板进口额分别为1.29亿美元、1.08亿美元和2.58亿美元，与2019年比，胶合板和刨花板进口

额分别增长2.38%和10.26%，纤维板进口额下降17.56%。"三板"出口额中，胶合板、纤维板和刨花板的比重分别为80.71%、16.12%和3.17%，与2019年比，胶合板和纤维板的比重分别下降0.21和1.23个百分点，刨花板的比重提高1.44个百分点；"三板"进口额中，胶合板、纤维板和刨花板的份额分别为26.06%、21.82%和52.12%，与2019年比，胶合板和刨花板的份额分别提高了0.40和4.46个百分点，纤维板的份额下降了4.86个百分点。

2020年，人造板进出口总量与结构变化的主要原因：一是木质家具产量和出口量增长，对优质人造板的需求量增加，拉动了人造板进口数量的增长；二是受中美贸易摩擦的影响，对美出口的胶合板大幅下降，同时，由于我国早期疫情防控严密，促进了国内经济和对外贸易复苏，推动了对越南及英国、德国等欧洲国家的人造板出口数量的增长；三是随着我国刨花板行业产能扩大和产品质量提高，定向结构刨花板的出口快速增长。

从市场分布看，胶合板出口市场相对分散且集中度进一步下降，菲律宾取代美国成为胶合板出口第一大贸易伙伴；进口市场集中于俄罗斯、中国台湾、印度尼西亚，市场集中度明显提高。纤维板出口市场集中度有所降低，超过1/4的份额集中于尼日利亚和美国，但美国的份额持续下降，尼日利亚取代美国成为纤维板出口第一大贸易伙伴；进口市场主要集中在欧洲和大洋洲，市场集中度较大幅度提高。刨花板出口市场相对分散、格局变化明显，市场集中度明显下降；进口则高度集中于欧洲、东南亚、巴西和俄罗斯，但市场集中度小幅下降。

从贸易额看，胶合板出口前5位贸易伙伴的总份额为33.39%，比2019年下降1.67个百分点，其中，美国和日本的份额分别下降1.70和0.77个百分点，越南的份额提高0.71个百分点；胶合板进口前5位贸易伙伴的总份额为69.15%，比2019年提高4.37个百分点，其中，俄罗斯和印度尼西亚的份额分别提高8.58和1.01个百分点，中国台湾、马来西亚和意大利的份额分别下降2.67、1.49和0.58个百分点。纤维板出口前5位贸易伙伴的总份额为44.12%，比2019年下降0.30个百分点，其中，美国的份额下降3.42个百分点，尼日利亚、加拿大和澳大利亚的份额分别提高1.29、1.23和1.07个百分点；纤维板进口前5位贸易伙伴的总份额为69.80%，比2019年提高4.29个百分点，其中，澳大利亚、西班牙和新西兰的份额分别提高4.79、1.77和1.32个百分点，德国和比利时的份额分别下降1.97和1.53个百分点。刨花板出口前5位贸易伙伴的总份额为37.00%，比2019年下降3.70个百分点，其中，越南、马来西亚和沙特阿拉伯的份额分别提高5.96、1.99和1.45个百分点；韩国、中国台湾、阿拉伯联合酋长国和日本的份额分别下降5.40、3.61、3.56和1.60个百分点。刨花板进口前5位贸易伙伴的总份额为71.21%，比2019年下降3.54个百分点，其中，德国、马来西亚和罗马尼亚的份额分别下降4.37、3.49和2.64个百分点，俄罗斯、泰国和巴西的份额分别提高6.41、3.72和2.67个百分点（图30）。

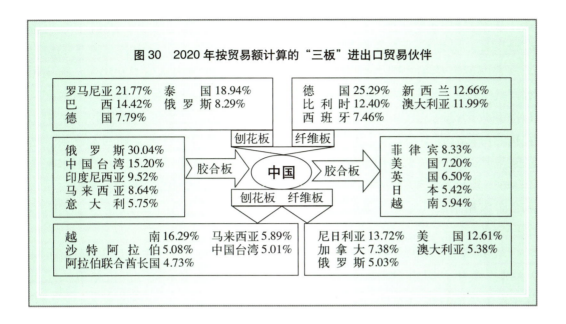

木家具 2020年，木家具出口增长，进口大幅下降；平均出口价格持续明显下跌，平均进口价格大幅上涨，但不同类别木家具的进口价格涨跌差异明显；贸易顺差扩大；出口市场以北美洲、亚洲和欧洲为主，北美洲的份额进一步明显下降，亚洲和欧洲的份额小幅提高；进口市场高度集中于欧洲，且份额进一步提高。

2020年，木家具出口3.86亿件、合200.06亿美元，分别比2019年增长9.66%和0.44%；进口802.74万件、合9.12亿美元，分别比2019年减少21.88%和14.21%（图31）；进出口贸易顺差为190.94亿美元，比2019年扩大1.26%。

从产品结构看，出口以木框架坐具和卧室用木家具为主，进口主要有木框架坐具、卧室用木家具和厨房用木家具。按贸易额，出口中各类家具的份额为：木框架坐具40.89%、卧室用木家具12.98%、办公用木家具5.70%、厨房用木家具4.31%、其他木家具36.12%；与2019年比，其他木家具和办公用木家具的份额分别提高3.01和0.82个百分点，厨房用木家具、木框架坐具和卧室用木家具的份额分别下降2.57、0.72和0.54个百分点。进口中各类家具的份额为：木框架坐具26.86%、厨房用木家具19.19%、卧室用木家具15.46%、办公用木家具2.74%、其他木家具35.75%；与2019年比，厨房用木家具的份额提高5.83个百分点，卧室用木家具、木框架坐具和其他木家具的份额分别下降2.51、1.27和1.97个百分点。

从价格看，2020年家具平均出口价格为51.83美元/件，比2019年下降8.41%，其中，厨房用木家具、卧室用木家具和办公用木家具的价格降幅超过12%；平均进口价格为113.61美元/件，比2019年提高9.82%，各类家具的进口价格涨跌各异，其中，卧室用木家具和厨房用木家具的价格涨幅和办公用木家具的价格跌幅均超过10%（表8）。

表8　2020年各类家具进出口额和价格变化

类别	出口额（亿元）	出口额增长率（%）	进口额（亿元）	进口额增长率（%）	出口平均价格（美元/件）	出口平均价格增长率（%）	进口平均价格（美元/件）	进口平均价格增长率（%）
木框架坐具	81.80	-1.30	2.45	-18.06	73.04	-2.18	136.22	28.49
办公用木家具	11.41	17.39	0.25	-16.67	42.26	-13.05	82.95	-18.60
厨房用木家具	8.62	-37.13	1.75	23.24	43.10	-18.26	142.82	10.93
卧室用木家具	25.97	-3.60	1.41	-26.18	78.70	-12.36	249.78	34.58
其他木家具	72.26	9.58	3.26	-18.70	37.25	-6.78	78.79	-1.20

从市场分布看，2020年，木家具出口额中，各洲的市场份额依次为北美洲34.84%、亚洲30.71%、欧洲20.90%、大洋洲7.41%、非洲4.08%、拉丁美洲2.06%；与2019年相比，北美洲的份额下降3.98个百分点，亚洲、大洋洲和欧洲的份额分别提高2.35、1.28和1.26个百分点。木家具进口额中，各主要洲的市场份额依次为欧洲74.70%、亚洲23.62%、拉丁美洲0.96%、北美洲0.69%、大洋洲0.03%；与2019年相比，欧洲的份额提高4.63百分点，亚洲和北美洲的份额分别下降3.98和0.71个百分点。从主要贸易伙伴看，依贸易额，前5位出口贸易伙伴为美国30.95%、英国6.98%、日本6.69%、澳大利亚6.65%、韩国5.11%；与2019年比，前5位出口贸易伙伴的总份额下降1.26个百分点，其中，美国的份额下降4.29个百分点，澳大利亚、韩国和英国的份额分别提高1.28、0.95和0.57个百

分点。前5位进口贸易伙伴为意大利37.05%、德国17.31%、越南11.20%、波兰6.12%、立陶宛3.46%；与2019年相比，前5位进口贸易伙伴的总份额提高2.08个百分点，其中，德国的份额提高5.44个百分点，越南和波兰的份额分别下降1.40和0.81个百分点。

2020年，家具进出口规模与结构变化的主要原因：一是随着新兴市场，特别是"一带一路"市场的开拓，我国木家具出口额在亚洲、欧洲和大洋洲市场较快增长，特别是对东盟的家具出口增幅达37.48%，拉动木家具出口态势由降转升。按出口额增长量排序，各洲依次为亚洲、欧洲和大洋洲，增幅分别达8.74%、6.88%和21.32%；前5位贸易伙伴依次是澳大利亚、马来西亚、韩国、英国和新加坡，增幅分别为24.35%、71.80%、23.32%、9.33%和36.37%。二是受中美贸易摩擦的影响，对美家具出口额下降11.80%，减少额占出口额下降的所有贸易伙伴减少总额的57.70%，相当于出口额增长的全部贸易伙伴增加总额的54.41%，在很大程度上拉低了家具出口增速。三是越南等东南亚国家在木家具国际市场上的低价竞争优势对我国木家具出口产生了一定的冲击，使我国木家具出口在北美洲、拉丁美洲等市场呈现下降态势。按出口额下降量排序，各洲依次为北美洲、亚洲、拉丁美洲，降幅分别为9.86%、9.88%和17.02%；除美国外的前5位贸易伙伴依次为南非、中国香港、阿拉伯联合酋长国、意大利和印度，降幅分别达17.24%、8.69%、12.27%、17.98%和21.69%。四是由于国内房地产市场低迷，家具需求减少，导致家具进口规模下降。

木制品 木制品进出口快速增长，进口增速远高于出口增速；出口产品构成基本稳定，进口产品构成变化明显；贸易顺差小幅扩大。

木制品出口63.23亿美元、进口8.99亿美元，分别比2019年增长5.35%和38.10%；贸易顺差54.24亿美元，比2019年扩大1.36%。从各类木制品看，除建筑用木制品进口额和出口额、木制餐具及厨房用具进口额下降外，其他各类木制品的出口额和进口额不同幅度增长。产品构成中，建筑用木制品和木工艺品的出口和进口份额、木制餐具及厨房用具进口份额下降，其他木制品的进口和出口份额明显提高（表9）。

表9 木制品进出口金额与构成变化

产品类型	增长率（%）		贸易额构成（%）		构成变化百分点（个）	
	出口额	进口额	出口额	进口额	出口额	进口额
建筑用木制品	−2.94	−23.08	16.72	8.9	−1.42	−7.08
木制餐具及厨房用具	14	−12.5	5.41	3.11	0.41	−1.81
木工艺品	2.5	16.67	27.88	2.34	−0.78	−0.42
其他木制品	9.26	54.93	49.99	85.65	1.79	9.31

依贸易额，前5位出口贸易伙伴的份额依次为美国34.46%、日本8.71%、英国5.84%、德国4.61%、澳大利亚4.09%；与2019年比，前5位出口贸易伙伴的总份额下降1.09个百分点，其中，日本的份额下降1.09个百分点。前5位进口贸易伙伴的份额分别为厄瓜多尔45.52%、印度尼西亚26.39%、俄罗斯4.78%、意大利2.08%、德国2.08%，与2019年比，前5位出口贸易伙伴的总份额降低7.41个百分点，其中，印度尼西亚的份额降低35.39个百分点，厄瓜多尔和德国的份额分别提高26.62和0.66个百分点。

纸类 纸类产品出口量减值增，进口量增值减，贸易逆差缩小。从产品构成看，出口产品构成稳定，进口产品构成变化明显。从产品类别看，纸和纸制品出口和进口增长，进口增幅远大于出口增幅，出口价格上涨，进口价格大幅下跌；木浆进口量增值减，价格大幅下跌；废纸进口量值和价格快速下降。

纸类产品出口229.67亿美元，比2019年增长1.35%，进口241.69亿美元，比2019年下降0.64%；贸易逆差12.02亿美元，比2019年缩小27.72%。出口产品主要是纸和纸制品，占纸类产品出口总额的90.92%，比2019年提高0.24个百分点；进口产品以木浆、纸和纸制品为主，分别占纸类产品进口总额的62.44%和30.34%，与2019年比，木浆和废纸的份额分别下降6.48和2.99个百分点，纸和纸制品的份额提高8.67个百分点。

纸和纸制品出口905.34万吨、合208.81亿美元，与2019年相比，出口量下降1.18%、出口额增长1.62%；进口1254.18万吨（图32）、合73.33亿美元，分别比2019年增长96.60%和39.09%；贸易顺差135.48亿美元，比2019年缩小11.32%；平均出口价格为2306.43美元/吨，比2019年提高2.82%，平均进口价格为584.68美元/吨，比2019年下降29.25%。

木浆（不包括从回收纸和纸板中提取的纤维浆）出口3.58万吨、合0.25亿美元，分别比2019年下降8.21%和13.79%；进口2878.71万吨（图33）、合150.92亿美元，与2019年比，进口量增长9.77%、进口额下降9.98%；贸易逆差为150.67亿美元，比2019年缩减9.97%；平均出口价格和平均进口价格分别为698.32美元/吨和524.26美元/吨，分别比2019年下降6.09%和17.99%。

废纸进口689.25万吨（图33）、合12.08亿美元，分别比2019年下降33.49%和37.83%；贸易逆差12.07亿美元，比2019年缩小37.88%；平均进口价格为175.26美元/吨，比2019年下跌6.53%。

2020年，木浆和纸类产品进出口市场格局总体变化不大，但废纸进口中，英国的份额大幅向美国转移，市场集中度明显提高；纸和纸制品出口市场集中度微幅提高、进口市场集中度小幅下降。

按贸易额排序，木浆进口的前5位贸易伙伴依次为巴西24.26%、加拿大16.01%、印度尼西亚14.01%、智利8.95%、美国8.52%；与2019年比，市场格局基本稳定。

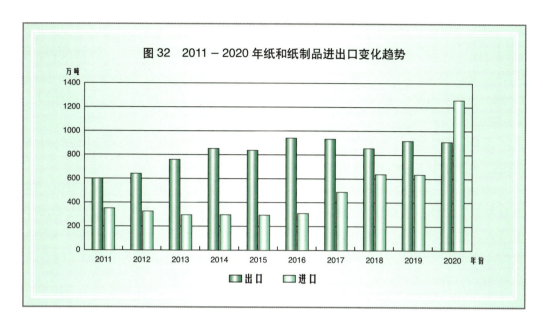

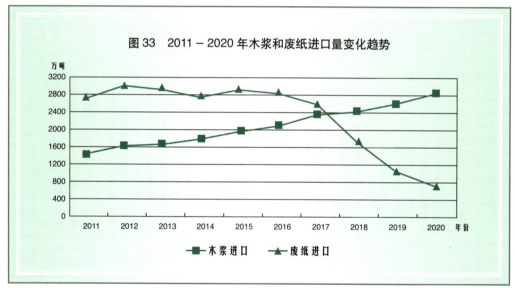

纸和纸制品出口的前5位贸易伙伴的市场份额依次是美国13.90%、越南6.81%、日本5.94%、澳大利亚5.24%、中国香港4.48%；与2019年比，前5位出口贸易伙伴的总份额提高0.81个百分点，其中，越南和澳大利亚的份额分别提高1.76和1.01个百分点，中国香港和日本的份额分别下降0.90和0.53个百分点。

纸和纸制品进口的前5位贸易伙伴的份额分别为印度尼西亚14.06%、美国11.77%、日本9.59%、瑞典7.73%、中国台湾6.99%与2019年相比，前5位进口贸易伙伴的总份额下降2.07个百分点，其中，美国、瑞典、日本和中国台湾的份额分别下降2.94、2.24、1.30和1.27个百分点，印度尼西亚的份额提高5.68个百分点。

废纸进口中，前5位贸易伙伴的市场份额依次为美国59.55%、日本16.65%、中国香港9.31%、澳大利亚3.41%、加拿大2.73%；与2019年相比，前5位贸易伙伴的总份额提高9.04个百分点，其中，美国、中国香港和日本的份额分别提高15.16、3.38和1.05个百分点，英国、澳大利亚和加拿大的份额分别下降10.30、0.83和0.65个百分点。

木片 2020年，木片进口量减值增，价格大幅度下跌；进口额中非针叶木片占绝对比重，但份额微幅下降。

2020年，木片进口1352.56万吨（图34）、合22.65亿美元，与2019年比，进口量增长7.65%、进口额下降5.63%；平均进口价格为167.43美元/吨，比2019年下降12.35%，其中，非针叶木片的平均进口价格为167.78美元/吨，比2019年下跌12.47%，针叶木片的平均进口价格为152.96美元/吨，比2019年上涨3.92%；进口额中，非针叶木片占97.84%，比2019年下降0.99个百分点。

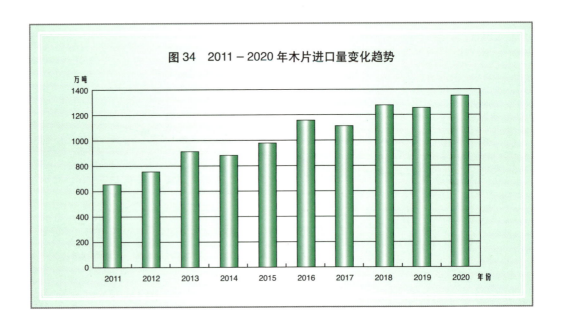

图34　2011－2020年木片进口量变化趋势

木片进口市场主要高度集中于越南、澳大利亚和智利。依进口额，前5位贸易伙伴的份额依次为越南50.13%、澳大利亚24.29%、智利11.55%、巴西5.14%、泰国4.02%；与2019年比，前5位进口贸易伙伴的总份额降低了2.50个百分点，其中，澳大利亚、泰国和智利的份额分别下降9.11、1.77和0.55个百分点，越南和巴西的份额分别提高6.65和2.28个百分点。

3. 非木质林产品进出口

非木质林产品进出口中低速增长，出口增速低于进口增速；贸易逆差扩大；进出口结构变化明显。

非木质林产品出口210.92亿美元、进口289.73亿美元，分别比2019年增长

3.23%和5.03%；贸易逆差78.81亿美元，比2019年扩大7.28亿美元。

从产品结构看（图35、图36），与2019年相比，出口额中，森林蔬菜、木薯类，茶、咖啡、可可类，调料、药材、补品类的份额分别下降5.20、0.91和0.60个百分点，林化产品和果类的份额分别提高5.06和1.25个百分点。进口额中，森林蔬菜、木薯类，调料、药材、补品类的份额分别提高4.29和1.45个百分点；果类和林化产品的份额分别下降3.33和2.18个百分点；其他产品的份额变化微小。

从市场分布看，出口市场相对分散，市场集中度进一步小幅下降，进口市场比较集中，市场集中度明显提高。按贸易额，前5位出口贸易伙伴的份额依次为越南14.07%、美国8.27%、中国香港7.89%、日本7.74%、泰国7.14%；与2019

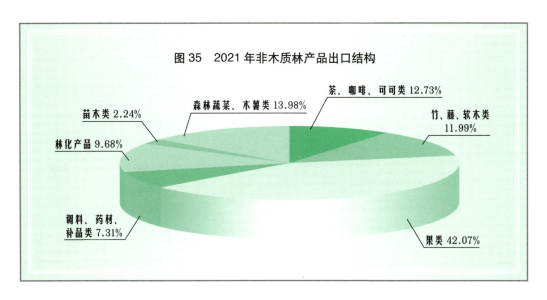

图35　2021年非木质林产品出口结构

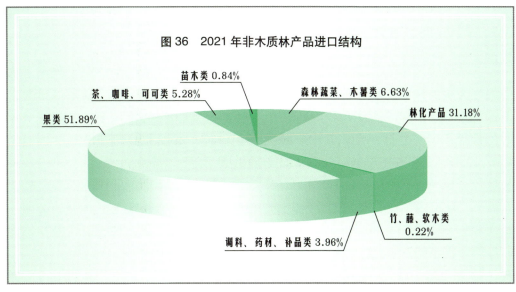

图36　2021年非木质林产品进口结构

年比，前5位出口贸易伙伴的总份额下降了2.40个百分点，其中，中国香港和日本的份额分别下降了2.36和1.61个百分点，越南的份额提高1.44个百分点。前5位进口贸易伙伴的份额分别为泰国23.29%、印度尼西亚15.03%、马来西亚9.87%、智利8.36%、越南6.81%；与2019年比，前5位进口贸易伙伴的总份额提高了4.45个百分点，其中，泰国、马来西亚和越南的份额分别提高了3.07、1.72和1.61个百分点，法国的份额下降了1.30个百分点。

果类 果类出口较快增长、进口小幅下降，贸易逆差缩小；进出口产品结构变化明显，干鲜果和坚果贸易仍居首位，且所占份额进一步较大幅度提高。

果类出口88.73亿美元、进口150.33亿美元，与2019年相比，出口增长6.38%、进口下降1.31%；贸易逆差61.60亿美元，比2019年缩小7.31亿美元。从产品构成及变化看（表10），果类出口额和进口额中干鲜果和坚果约占3/4，且份额大幅提高；果类加工品出口额中近60%为果类罐头和果汁，进口额中80%以上为果酒和饮料。

表10 果类产品贸易额构成及变化

产品类别		贸易额构成（%）		构成变化百分点（个）	
		出口额	进口额	出口额	进口额
干鲜果和坚果		76.48	73.51	5.34	6.13
果类加工品		22.97	25.65	−5.21	−6.26
其中：	果类罐头	33.45	0.49	27.24	0.45
	果汁	25.45	9.18	3.75	0.99
	果酒和饮料	3.68	73.03	−1.43	−2.04
	其他果类加工品	37.42	15.25	−29.56	0.21
其他果类产品		0.55	0.84	−0.13	0.13

从市场分布看，出口以东盟国家和美国为主，进口以东盟、拉丁美洲、欧洲国家为主。按贸易额，前5位出口贸易伙伴依次为越南21.62%、泰国11.06%、美国8.53%、印度尼西亚7.93%、菲律宾6.88%，与2019年比，前5位贸易伙伴的份额提高6.17个百分点；其中，越南、菲律宾、泰国和美国的份额分别提高4.86、2.63、1.63和0.70个百分点，日本额份额下降2.27个百分点。前5位进口贸易伙伴分别为泰国27.42%、智利16.16%、法国10.23%、澳大利亚8.72%、越南7.06%；与2019年比，前5位贸易伙伴的份额提高1.47个百分点，其中，泰国、越南和智利的份额分别提高5.30、1.01和0.85个百分点，澳大利亚、美国和法国的份额分别下降2.24、1.74和1.72个百分点。

林化产品 林化产品出口成倍增长，进口小幅下降；大宗产品的出口份额提高，进口份额小幅下降，进口和出口价格水平涨跌不一；贸易逆差缩小。

林化产品出口20.42亿美元，比2019年增长116.54%，进口90.33亿美元，比2019年下降1.84%；贸易逆差69.91亿美元，比2019年缩小12.68亿美元。

从产品结构看，林化产品出口的主要产品是柠檬酸与柠檬酸盐及柠檬酸酯、活性炭、松香及松香或树脂酸衍生物的盐，三者的总份额为62.78%，比2019年提高9.65个百分点。其中，柠檬酸与柠檬酸盐及柠檬酸酯出口116.75万吨、合7.42亿美元，平均出口价格为635.55美元/吨，占林化产品出口额的36.34%。活性炭出口25.86万吨、合3.69亿元，平均出口价格为1426.91元/吨，占林化产品出口额的18.07%；松香及松香或树脂酸衍生物的盐出口9.25万吨、合1.71亿元，平均出口价格为1848.65元/吨，占林化产品出口额的8.37%，与2019年比，出口量和出口额分别下降18.43%、15.35%，平均出口价格提高3.78%，占林化产品出口额的比重下降13.05个百分点。林化产品进口以棕榈油及其分离品、天然橡胶及天然树胶为主，二者的总份额近80%，比2019年下降1.50个百分点，其中，棕榈油及其分离品进口646.66万吨、合41.34亿美元，平均进口价格为639.28美元/吨，占林化产品进口额的比重为45.77%，与2019年比，进口量下降14.37%、进口额增长0.61%，平均进口价格上涨17.49%，占林化产品进口额的比重提高1.12个百分点；天然橡胶及天然树胶进口229.84万吨、合30.77亿美元，平均进口价格为1338.76美元/吨，占林化产品进口额的34.06%，与2019年比，进口量、进口额和平均进口价格分别下降6.39%、8.83%和2.61%，占林化产品进口额的比重下降2.62个百分点。

林化产品出口市场相对分散且市场集中度大幅下降，进口市场高度集中于东盟国家，但市场集中度小幅下降。按贸易额，前5位出口贸易伙伴为美国8.72%、日本8.49%、韩国6.47%、印度5.99%、德国5.54%；与2019年比，前5位贸易伙伴的份额下降14.20个百分点，其中，美国和日本的份额分别下降8.23和5.75个百分点，德国的份额提高1.96个百分点。前5位进口贸易伙伴依次为印度尼西亚37.86%、马来西亚25.35%、泰国14.08%、越南3.32%、老挝2.98%；与2019年比，前5位贸易伙伴的份额下降2.16个百分点，其中，印度尼西亚、泰国和越南的份额分别下降3.63、3.52和0.54个百分点，马来西亚的份额提高5.40个百分点。

森林蔬菜、木薯类 森林蔬菜、木薯类出口快速下降、进口成倍增长；贸易顺差进一步大幅缩小。2020年，森林蔬菜、木薯类出口29.48亿美元，比2019年下降24.76%。其中，菌类出口26.88亿美元、竹笋出口2.51亿美元，分别比2019年下降25.68%和14.04%。森林蔬菜、木薯类进口19.21亿美元，比2019年增长196.91%，其中，木薯产品进口19.14亿美元，比2019年增长198.13%。贸易顺差10.27亿美元，比2019年缩小22.44亿美元。

从市场结构看，出口以亚洲市场为主，进口市场高度集中于泰国和越南,进出口市场集中度明显下降。依贸易额,前5位出口贸易伙伴依次为越南16.46%、中国香港14.87%、马来西亚13.92%、日本11.73%、泰国10.95%;与2019年比,前5位出口贸易伙伴的总份额下降6.29个百分点,其中,越南和中国香港的份额分别下降5.37和3.70个百分点,日本和马来西亚的份额分别提高1.92和1.28个百分点。主要进口贸易伙伴的市场份额分别为泰国69.47%、越南25.23%,与2019年比,泰国的份额下降17.28个百分点、越南的份额提高17.45个百分点。

茶、咖啡、可可类 茶、咖啡、可可类产品出口下降、进口增长。从产品结构看,出口以茶叶和可可及制品为主,进口以可可及制品和咖啡类产品为主,咖啡类产品(包括咖啡壳、咖啡皮和含咖啡的咖啡代用品)的出口份额微降、进口份额小幅提高,茶叶的出口份额小幅提高、进口份额略有下降;可可及制品的出口和进口份额小幅下降。从价格看,除茶叶的出口价格和咖啡类产品的进出口价格大幅上涨外,其他产品的进出口价格不同幅度下降(表11)。贸易顺差缩小。

表11 2020年茶、咖啡、可可类产品进出口变化情况

产品	出口量		出口平均价格		进口量		进口平均价格	
	2020年(万吨)	比2019年增减(%)	2020年(美元/吨)	比2019年增减(%)	2020年(万吨)	比2019年增减(%)	2020年(美元/吨)	比2019年增减(%)
咖啡类产品	5.06	−26.45	2718.15	23.09	7.06	8.28	4433.45	7.17
茶叶	34.88	−4.86	5842.83	6.05	4.32	−0.46	4162.45	−3.50
可可及制品	7.48	−13.33	4380.03	−5.34	21.06	−0.99	3730.86	−2.19

茶、咖啡、可可类产品出口26.86亿美元,比2019年下降3.62%,进口15.29亿美元,比2019年增长4.08%;贸易顺差11.57亿元,比2019年缩小1.61亿美元。其中,茶叶、咖啡类产品、可可及制品的出口额分别为20.38亿美元、1.38亿美元和3.27亿美元,与2019年比,茶叶出口额增长0.89%,咖啡类产品、可可及制品出口额分别下降9.21%和18.05%;茶叶、咖啡类产品、可可及制品的进口额分别为1.80亿美元、3.13亿美元和7.86亿美元,与2019年相比,茶叶和可可及制品出口额分别下降3.74%和3.08%,咖啡类产品出口额增长15.93%。从产品构成看,出口额中,茶叶、咖啡类产品、可可及制品的份额分别为75.87%、5.14%和12.17%,与2019年相比,茶叶的份额提高3.39个百分点,可可及制品的份额下降2.15个百分点。进口额中,茶叶、咖啡类产品、可可及制品的份额分别为11.77%、20.47%和51.41%,与2019年相比,茶叶和可可及制品的份额分别下降0.96和3.80个百分点,咖啡类产品的份额提高2.09个

百分点。

从市场结构看,茶、咖啡、可可类产品进出口市场相对集中、但市场集中度下降。茶叶出口市场主要分布于中国香港、摩洛哥和东南亚地区,进口市场高度集中于东南亚和中国台湾;可可及制品出口市场主要分布于中国香港、韩国、澳大利亚和菲律宾,进口市场主要集中于东南亚、俄罗斯和欧洲;咖啡类产品的出口市场主要分布于德国、美国、马来西亚和俄罗斯,进口市场高度集中于东南亚、意大利、哥伦比亚和巴西(图37)。依贸易额,茶叶出口前5位贸易伙伴的总份额为53.09%,比2019年下降0.70个百分点,其中,中国香港、摩洛哥和越南的份额分别下降2.23、1.44和1.01个百分点,缅甸和马来西亚的份额分别提高3.38和1.91个百分点;茶叶进口前5位贸易伙伴的总份额为81.40%,比2019年下降1.53个百分点,其中,中国台湾和印度的份额分别下降5.91和0.53个百分点,斯里兰卡和越南的份额分别提高3.79和1.02个百分点。可可及制品出口前5位贸易伙伴的总份额为44.59%,比2019年下降8.10个百分点,其中,美国、中国香港和韩国的份额分别下降5.61、2.30和0.54个百分点;可可及制品进口的前5位贸易伙伴的总份额为55.42%,比2019年下降0.38个百分点,其中,马来西亚和意大利的份额分别下降1.54和0.67个百分点,比利时的份额提高1.41个百分点。咖啡类产品出口的前5位贸易伙伴的总份额为57.15%,比2019年下降3.24个百分点,其中,德国、越南和美国的份额分别下降3.34、1.67和1.31个百分点,俄罗斯和马来西亚的份额分别提高2.42和0.82个百分点;咖啡类产品进口的前5位贸易伙伴的总份额为54.28%,比2019年下降3.38个百分点,其中,越南和巴西的份额分别下降2.06和1.18个百分点。

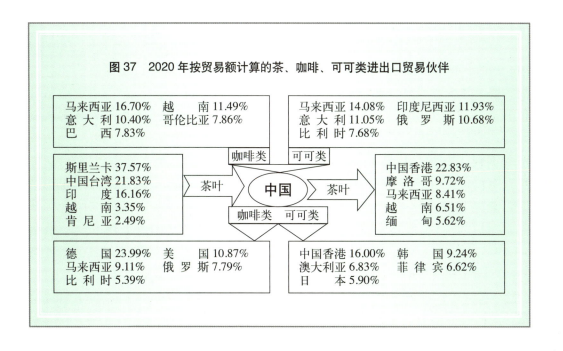

图37 2020年按贸易额计算的茶、咖啡、可可类进出口贸易伙伴

竹、藤、软木类 2020年，竹、藤、软木类产品出口小幅增长、进口大幅下降，但不同类别产品进出口增减变化不一；贸易顺差略有扩大。2020年，竹、藤、软木类产品出口25.27亿美元，比2019年增长3.95%，进口0.65亿美元，比2019年下降13.33%；贸易顺差24.62亿美元，比2019年扩大1.06亿美元。从主要产品出口看，竹餐具和厨具出口21.22万吨、合5.72亿美元，占竹、藤、软木类产品出口总额的22.64%，与2019年比，出口量和出口额分别增长4.64%和5.15%，占竹、藤、软木类产品出口份额提高0.26个百分点；柳及柳编结品（不含家具）出口4.60万吨、合4.55亿美元，占竹、藤、软木类产品出口总额的18.01%，分别比2019年下降1.08%、1.94%和1.08个百分点；竹及竹编结品（不包括家具）出口19.16万吨、合3.83亿美元，占竹、藤、软木类产品出口总额的15.16%，与2019年比，出口量和出口额分别增长6.09%和4.64%，占竹、藤、软木类产品出口份额基本持平；竹藤柳家具出口1.02万件（个）、合1.59亿美元，占竹、藤、软木类产品出口总额的6.29%，分别比2019年提高14.61%、15.22%和0.62个百分点；竹地板和其他竹制特形材出口7.93万吨、合1.16亿元，占竹、藤、软木类产品出口总额的4.59%，分别比2019年下降9.99%、8.66%和0.63个百分点；竹制单板和胶合板出口0.02万吨、合0.72亿美元，占竹、藤、软木类产品出口总额的2.85%，与2019年比，出口量增长100.00%，出口额下降19.10%，占竹、藤、软木类产品出口总额的份额下降0.81个百分点；藤及藤编结品（不含家具）出口0.84万吨、合0.66亿美元，占竹、藤、软木类产品出口总额的2.61%，分别比2019年下降17.65%、28.26%和1.17个百分点。从主要产品进口看，软木及软木制品进口0.68万吨、合0.35亿元，分别比2019年下降18.07%和14.63%。从市场结构看，竹、藤、软木类产品的出口市场相对分散、集中度进一步下降，进口市场高度集中、集中度略有提高。

按贸易额，前5位出口贸易伙伴的份额依次为美国19.66%、日本7.88%、英国6.39%、荷兰5.98%、德国5.86%；与2019年比，前5位出口贸易伙伴的总份额下降2.01个百分点，其中，美国的份额下降1.41个百分点。前5位进口贸易伙伴的份额分别为葡萄牙35.07%、印度尼西亚12.71%、意大利9.82%、马来西亚7.24%、越南7.17%。

调料、药材、补品类 2020年，调料、药材、补品类产品出口15.42亿美元、进口11.48亿美元、贸易顺差3.94亿美元，与2019年比，出口额下降4.64%、进口额增长65.66%、贸易顺差缩小5.30亿美元。按贸易额，调料、药材、补品类出口的前5位贸易伙伴的份额依次为日本14.95%、中国香港14.62%、越南13.47%、韩国6.55%、英国4.76%；与2019年比，前5位贸易伙伴的总份额下降3.04个百分点，其中，日本、中国台湾和中国香港的份额分别下降4.39、3.04和2.22个百分点，越南和英国的份额分别提高5.26和0.83个百分点。前5位进口贸易伙伴的份额分别为：印度尼西亚43.09%、德国14.46%、马来西亚11.53%、新西兰

8.09%、中国香港7.90%；与2019年比，前5位贸易伙伴的总份额提高13.50个百分点，其中，印度尼西亚和马来西亚的份额分别提高37.33和1.75个百分点，中国香港、德国、加拿大和新西兰的份额分别下降18.81、9.67、6.11和0.66个百分点。

苗木类 苗木类出口4.73亿美元、进口2.44亿美元，分别比2019年增长9.49%和9.63%；贸易顺差2.29亿美元，比2019年扩大0.67亿美元。

（四）主要草产品进出口

草产品出口高速下降、进口大幅增加；贸易逆差进一步扩大；进出口以草饲料为主。

草产品出口49.36万元、进口7.20亿元、贸易逆差7.2亿元，与2019年比，出口下降49.59%、进口增长8.43%、贸易逆差扩大0.57亿元。从产品构成看，出口额中，草饲料占65.98%；进口额中，草饲料占85.42%、比2019年提高1.99个百分点。

草种子 草种子出口全部为紫花苜蓿子，出口62.12吨、合16.79万元，分别比2019年下降43.72%和47.12%。草种子进口以黑麦草种子、羊茅子和草地早熟禾子为主，进口6.12万吨、比2019年增长19.30%，其中，黑麦草种子、羊茅子和草地早熟禾子进口量分别为3.99万吨、1.20万吨和0.35万吨，与2019年比，黑麦草种子和羊茅子进口量分别增长28.30%和23.71%、草地早熟禾子进口量下降45.61%；草种子进口额为1.05亿美元，分别比2019年下降4.55%，进口额中，黑麦草种子、羊茅子和草地早熟禾子的份额依次为49.52%、21.90%和10.48%，与2019年比，黑麦草种子和草地早熟禾子的份额下降11.10和0.63个百分点、羊茅子的份额提高2.99个百分点；黑麦草种子进口额增长10.64%、草地早熟禾子进口额下降56.00%、羊茅子进口额持平。

草饲料 草饲料出口29.70吨、合32.57万美元，分别比2019年下降62.56%和50.77%；进口172.20万吨、合6.15亿美元，分别比2019年增长5.83%和11.01%，其中，紫花苜蓿粗粉及团粒进口2.84万吨、合0.08亿美元，与2019年比，进口量下降4.70%、进口额持平；其他草饲料进口169.36万吨、合6.07亿美元、占草饲料进口总额的98.70%，与2019年比，进口量与进口额分别增长6.02%和11.17%、占草饲料进口额的比重提高0.53个百分点。

从市场构成看，草产品进口市场高度集中，但集中度进一步小幅下降。按贸易额，草种子进口的前3位贸易伙伴依次为美国58.90%、加拿大13.30%、丹麦12.65%；与2019年比，前3位贸易伙伴的总份额下降3.52个百分点，其中，美国的份额下降7.94个百分点，丹麦和加拿大的份额分别提高2.56和1.86个百分点。草饲料进口的前3位贸易伙伴依次为美国71.05%、澳大利亚18.81%、西班牙5.78%；与2019年比，前3位贸易伙伴的总份额提高1.65个百分点，其中，美国和澳大利亚的份额分别提高6.94和3.22个百分点，西班牙的份额下降8.51个百分点。

L P99-104

生态公共服务

- 生态示范基地
- 文化活动
- 传播与传媒
- 生态文明教育

生态公共服务

生态公共服务基础设施建设稳步推进，文化活动精彩纷呈，媒体宣传持续创新，生态文明教育扎实开展，生态公共服务愈加完善。

（一）生态示范基地

会同民政部、国家卫生健康委员会、国家中医药管理局联合公布了首批96家国家森林康养基地名单。各地开展省级森林康养基地建设，发展特色森林康养服务。据统计，浙江、江西、湖南、广东、广西、贵州、重庆、四川等省（自治区、直辖市）建设了近500家省级森林康养基地。87家单位被确立为2020年"中国森林体验基地、中国森林养生基地、中国慢生活休闲体验区、村（镇）"。中国林学会遴选出第三批50个自然教育学校（基地）。河南省新建国家级森林康养基地3个、省级20个。上海市自然教育总校成立，公布首批上海辰山植物园等10个自然教育基地名单。广东省新增广东树木公园等30个自然教育基地，该省自然教育基地总数达到50个。

（二）文化活动

古树名木保护及宣传 完成古树名木抢救复壮第二批11个省份试点工作，启动第三批北京、河北、贵州3个省（直辖市）试点工作。全国各地通过多样形式推进古树名木保护及宣传工作。湖南省抢救复壮了816棵重要古树，建成了18个古树名木公园。陕西省评选出了秦岭地区十大"古树王"。

文艺创作 联合中央广播电视总台拍摄《绿水青山·金山银山》纪录片，我国首部野生动物保护题材电视剧《圣地可可西里》、"时代楷模"八步沙"六老汉"主题电视剧《绿色誓言》杀青，创作《林业英雄之歌》等林草题材文艺作品，出版《绿水青山看中国》等书籍。制作完成国内第一部以影像形式集中记录在中国自然分布的九种鹤类的纪录片《天是鹤家乡——中国九种鹤的影像志》，在中央电视台首播。加强对外影视交流，联合BBC拍摄的对外宣传片《大自然的时代》在全球30多家电视台和网站热播，以天然林资源保护工程为主题的电影《莫尔道嘎》入围戛纳电影节。组织文化走基层活动，"绿色中国行"大型系列主题公益活动连续11年走进19个省（自治区、直辖市）58个地区。参与抗疫科普宣传，制作5部野生动物生物安全科普动画片，组织专家编写《蝙蝠的那些事儿》等科普书籍，制作野生动物与病原体科普长图，曝光量达300余万。举办中国野生动物保护摄影展，观展人次达100余万。

（三）传播与传媒

1. 社会媒体宣传

主流媒体宣传 围绕党中央生态建设重大战略部署和林草职能任务，精心组织国土绿化、国家公园体制试点建设、四大沙地（沙漠）治理等7大主题宣传活动。中央主要媒体刊发报道4万余条。适应全媒时代要求，打造精锐传播力量，推进局属媒体融合发展，官方网站点击量超过24亿，网络电视台与全国100多家网站开展合作，官方账号覆盖主流新媒体平台，以各省（自治区、直辖市）林草官方账号为主体的新媒体传播矩阵初步形成。

新媒体宣传 强化重大主题网上宣传，推出全国林草战"疫"、"两会"云访谈、行走的风景之国家公园、大地精灵之野生动物保护等系列报道，制作宣传品1万余条，点击量超过5亿人次。丰富网络视听内容供给，开创手机直播，开辟视频类栏目60余个，制作短视频800余部。加大与央视"秘境之眼"合作宣传，在央视一套黄金时间段制作播出321期，日均收视人群约250万人，全网累计覆盖人数超过2.41亿，并在央视推出系列慢直播——"乐在秘境""爱在秘境"等精彩内容，总播放量765.7万，通过多样化的新媒体呈现方式，真正实现了全媒体覆盖的传播模式。央视综合频道官方微博帐号"央视一套"发布秘境相关内容微博683条，阅读量超过2073万；发布秒拍小视频673条，播放量1.05亿人次；发布微信公众号文章174篇，阅读量超过70万人次，形成了较大的社会影响力，取得了显著的新媒体传播效果。

舆情管理 建立健全新闻发布和敏感舆情应对处置等制度，实施重大突发舆情8小时内权威发布，加强舆情收集研判，建立口径库和督办台账。妥善处置了旅美旅韩大熊猫、青海木里矿区非法开采、违规交易野生植物"下山兰"等敏感舆情和突发事件。

2. 报刊宣传与图书出版

《中国绿色时报》《国土绿化》等报刊杂志秉承创新表达，规范、整合新媒体平台等理念，发挥林草宣传的主阵地优势。《中国绿色时报》聚焦"8·15""两山论"提出15周年、"8·19"总书记致信国家公园论坛一周年等重要时间节点开展系列宣传，刊发系列评论和述评文章，推出10个国家公园专版特刊，开设国家公园专栏，展现林草系统以建设国家公园体制为主线践行"两山论"。组织开展"走进国家公园"大型融媒体传播行动，报纸刊发整版专题14个，推出《国家公园新政速览》专题，以"打击非法贸易禁食野生动物"为主题，策划推出30个公益海报，被中华全国新闻工作者协会列为全国6个抗疫海报宣传案例之一。2020年中国绿色时报社1件作品获得中国新闻奖，15件作品获得中国产经新闻奖。《中国林业》1篇作品荣获第32届中国经济新闻大赛新闻报道奖。《中国绿色时报》发行量保持在4.8万份。

全年围绕生态建设、生态扶贫等主题，出版图书740种，其中，新书524种，重印书216种；总印数151.44万册，其中，新书84.80万册，重印书66.64万册。先后策划了《精准脱贫与绿色发展》《中国科技之路·美丽中国（林草卷）》等反映当代林业建设成果的重点出版物选题。其中，《中国科技之路·美丽中国（林草卷）》入选2020年国家主题出版项目。打造"生态文明建设文库"品牌，出版《推进绿色发展实现全面小康：绿水青山就是金山银山理论研究与实践探索（第2版）》《绿色生活》《生态文明关键词》《生态修复工程零缺陷建设管理》《党政领导干部生态文明建设简明读本》《创新绿色技术 推进永续发展——社会创业与绿色技术的可持续价值探索》等图书。国家主题出版重点出版物选题《绿色脊梁上的坚守——新时代林草楷模先进事迹》完成出版。国家出版基金项目《中国森林昆虫（第3版）》《中国主要树种造林技术（第2版）》《中国古典家具技艺全书（第一批）》《生态文明建设文库》完成出版。中国生态文化协会编辑出版了《华夏古村镇生态文化纪实》（上下册）、《生态文明世界（增刊）》等多种书籍和出版物，运用典型的力量，引导全社会传承中华民族优秀传统文化。

3. 展会论坛展览

各类会议、论坛、展会呈现新常态，拓展线上线下相结合方式举行。举办2020年"文化和自然遗产保护日"线上主题宣传活动，召开国家公园与自然遗产保护国际研讨会。举办主题为"人与自然和谐共生 携手建设美丽中国"2020年全国林业和草原科技活动周，首次采用线上线下相结合的方式，共举办各类活动近100场，直接参与活动的专家、志愿者近万人，受众300多万人次。举办林业遗传资源安全与保护高端论坛，论坛聚焦林业遗传资源的安全利用与保护，特别是木兰科植物的研究、开发利用与资源保护，论坛举办期间，还举行了国际林业遗传资源培训（海南）中心、国家林业和草原种质资源库海南木兰种质资源库、海南大学木兰学院等揭牌仪式。

（四）生态文明教育

典型宣传 宣传贯彻习近平总书记关于弘扬塞罕坝、八步沙感人事迹和奋斗精神的重要指示批示精神，推动"最美生态护林员"纳入中共中央宣传部"最美系列"学习宣传活动、塞罕坝林场入列中共中央宣传部首批全国基层联系点，推荐23人获"全国劳动模范"和"先进工作者"称号，常态化开展"践行习近平生态文明思想先进事迹"宣讲活动。深化精神文明创建工作，实施志愿服务关爱行动，成立抗疫共产党员先锋队，组织抗疫捐款等活动，11个单位获第六届"全国文明单位"。

活动开展 推荐并经教育部批准的10家全国中小学生研学实践教育基地向社会提供了高质量的公益性自然教育服务，全年共开发课程28门，组织活动近400场，青少年参与人数超过4万人次。开展生态文明价值观主题教育实践活动，联合全国政协等10部委举办的"关注森林"活动蓬勃开展22年，成为凝聚社会力量参与生态文明建设的宣传活动品牌，2020年写入"两会"全国政协工作报告。联合全国政协开展"全国三亿青少年进森林研学教育"线上线下活动。联合教育部、团中央开展"绿色长征"线上活动。联合中国社会科学院开展"童眼观生态"活动，带动全国10万多家庭、2000所学校、400余家媒体关注参与，推动生态文明教育进家庭、进社区、进校园、进农村。

M
政策与法治

- 林草政策
- 林草法治

政策与法治

2020年，中共中央办公厅、国务院办公厅印发《关于全面推行林长制的意见》，在全国全面推行林长制。同时，在资源保护、生态修复、财政税收、自然保护地、野生动物、资源利用等方面相继出台多项政策。森林、湿地、草原、国家公园等相关立法工作持续推进。

（一）林草政策

1. 资源保护管理政策

林长制意见出台 中共中央办公厅、国务院办公厅印发《关于全面推行林长制的意见》，在全国全面推行林长制，明确地方党政领导干部保护发展森林草原资源目标责任，构建党政同责、属地负责、部门协同、源头治理、全域覆盖的长效机制。地方各级党委和政府是推行林长制的责任主体，将林长制督导考核纳入林业和草原综合督查检查考核范围，考核结果作为地方有关党政领导干部综合考核评价和自然资源资产离任审计的重要依据。

事权和支出责任划分方案印发 国务院办公厅印发《自然资源领域中央与地方财政事权和支出责任划分改革方案》，在自然资源有偿使用和权益管理方面，将中央政府直接行使所有权的全民所有自然资源资产的统筹管理，确认为中央财政事权，由中央承担支出责任。将中央政府委托地方政府代理行使所有权的全民所有自然资源资产的统筹管理和自然资源动态监测事项，确认为中央与地方共同财政事权，由中央与地方共同承担支出责任。在生态保护修复方面，将重点区域生态保护修复治理、国家级自然保护地的建设与管理，林木良种培育、造林、森林抚育、退耕还林还草、林业科技推广示范及天然林、国家级公益林保护管理，草原生态系统保护修复、草原禁牧与草畜平衡工作，湿地生态系统保护修复，荒漠生态系统治理，国家重点陆生野生动植物保护等事项，确认为中央与地方共同财政事权，由中央与地方共同承担支出责任。根据建立国家公园体制试点进展情况，将国家公园建设与管理的具体事务，分类确定为中央与地方财政事权，中央与地方分别承担相应的支出责任。在自然资源领域灾害防治方面，将重点国有林区、中央直接管理和中央与地方共同管理的国家级自然保护地等关键区域林业草原防灾减灾等事项，确认为中央与地方共同财政事权，由中央与地方共同承担支出责任。在自然资源领域其他事项方面，将研究制定自然资源领域法律法规，全国性及重点区域的战略规划、政策、标准、技术规范等，确认为中央财政事权，由中央承担支出责任。将对地方落实党中央、国务院关于自然资源领域的重大决策部署及法律法规执行情况的督察，自然资源部直接管辖和全国范围内重大复杂的执法检查、案件查处等，确认为中央财政事权，由中央承担支出责任。

耕地"非农化"管理　国务院办公厅印发《关于坚决制止耕地"非农化"行为的通知》，一是严禁违规占用耕地绿化造林，对违规占用耕地及永久基本农田造林的，不予核实造林面积，不享受财政资金补助政策。退耕还林还草要严格控制在国家批准的规模和范围内。二是严禁违规占用耕地挖湖造景。禁止以湿地治理为名，擅自占用耕地及永久基本农田挖田造湖、挖湖造景。不准在城市建设中违规占用耕地建设人造湿地公园。三是严禁占用永久基本农田扩大自然保护地。新建的自然保护地不准占用永久基本农田。已划入自然保护地核心保护区内的永久基本农田要纳入生态退耕、有序退出。自然保护地一般控制区内的永久基本农田要根据对生态功能造成的影响确定是否退出，造成明显影响的纳入生态退耕、有序退出，不造成明显影响的可采取依法依规相应调整一般控制区范围等措施妥善处理。

生产安全事故应急预案出台　印发《国家林业和草原局生产安全事故应急预案》，将2017年编制的《国家林业局生产安全事故应急预案（试行）》进行修订完善。新预案明确预案事前、事中、事后各环节相关部门和有关人员的职责，要求各级林草主管部门及生产经营单位、广大职工了解和熟悉预案内容，在紧急状况下能够快速做出反应、及时妥善处置各类生产安全事故。2017年《国家林业局生产安全事故应急预案（试行）》同时废止。

国有林场职工管理　与人力资源社会保障部联合印发《国有林场职工绩效考核办法》（以下简称《办法》），《办法》明确考核对象为事业性质国有林场职工，对考核组织和方式、考核档次确定、考核结果运用、监督管理进行了规定。

林权类不动产登记管理　与自然资源部联合印发《关于进一步规范林权类不动产登记做好林权登记与林业管理衔接的通知》，一是各地不动产登记机构要将林权登记纳入不动产登记一窗受理。二是明确了国家所有的林地和林地上的森林、林木以及集体所有或国家所有依法由农民集体使用的林地和林地上的林木登记的权利类型。三是登记机构要开展林权地籍调查，做好林权地籍资料核验。四是各级登记机构、林草部门要依法依规解决权属交叉、地类重叠等难点问题。五是各级登记机构、林草部门要密切配合，基于同一张底图、同一个平台，加快数据资料整合。六是各级登记机构和林草部门应建立信息共享机制，实现不动产登记信息管理基础平台与林权综合监管平台无缝对接，实现林权审批、交易和登记信息实时互通共享。

林权交易数据规范　与国家发展和改革委员会联合印发《公共资源交易平台系统林权交易数据规范》，在全国范围内推动林权交易纳入公共资源交易平台，林权交易数据规范遵从《公共资源交易平台系统数据规范》的分类原则、代码结构和通用代码原则，促进林权交易公正公平，保障当事人合法权益。

生态环境损害赔偿 11个部门联合印发《关于推进生态环境损害赔偿制度改革若干具体问题的意见》，明确生态环境损害赔偿案件涉及多个部门或机构的，可以指定由生态环境损害赔偿制度改革工作牵头部门负责具体工作，对索赔的启动、生态环境损害调查、鉴定评估等作出了明确规定。

草原征占用审核审批管理 印发《草原征占用审核审批管理规范》，严格控制草原转为其他用地，矿藏开采、工程建设和修建工程设施应当不占或者少占草原，原则上不得占用生态保护红线内的草原，确需征收、征用或者使用草原超过70公顷由国家林业和草原局审核，70公顷及其以下由省级林业和草原主管部门审核。临时占用草原，由县级以上地方林业和草原主管部门依据所在省、自治区、直辖市确定的权限分级审批，占用期限不得超过2年，并不得修建永久性建筑物、构筑物；占用期满，使用草原的单位或者个人应当恢复草原植被并及时退还。在草原上修建直接为草原保护和畜牧业生产服务的工程设施使用草原超过70公顷的由省级林业和草原主管部门审批，70公顷及其以下的由县级以上地方林业和草原主管部门依据所在省、自治区、直辖市确定的审批权限审批。

防火督查 印发《国家林业和草原局森林草原防火督查工作管理办法（试行）》，明确督查原则、督查主体和对象、督查时间和程序、督查主要内容、督查方式和督查结果运用，规范督导检查活动。

制定恢复植被等标准意见印发 印发《关于制定恢复植被和林业生产条件、树木补种标准的指导意见》，明确了恢复植被和林业生产条件、树木补种标准的适用范围、恢复植被和林业生产条件的标准设定、补种树木的标准设定和费用标准设定，规范了省级林业主管部门制定恢复植被和林业生产条件、树木补种的标准。

2. 生态修复政策

造林绿化 国务院办公厅印发《关于在防疫条件下积极有序推进春季造林绿化工作的通知》，明确要抢抓时机积极有序推进春季造林，统筹谋划造林季节安排，灵活开展义务植树和部门绿化，全面提高造林绿化质量，着力保护好造林绿化成果。同年5月，全国绿化委员会印发《深入推进造林绿化工作方案》，明确"十四五"造林绿化总体要求，提出着力实施重点工程、创新开展义务植树、大力推进城市绿化、积极开展乡村绿化美化、深入推进通道绿化、切实抓好部门管理区域绿化、全面提升造林绿化质量七个方面的重点任务。

双重规划 经中央全面深化改革委员会2020年第十三次会议审议通过，2020年6月，国家发展和改革委员会、自然资源部联合印发《全国重要生态系统保护和修复重大工程总体规划（2021—2035年）》，提出了实施全国重要生态系统保护和修复重大工程的总体思路、主要目标、总体布局、重大工程、重点任务和支持政策。在支持政策方面，规划明确，将重大工程作为各级财政的重点支持领域，持续加大重点生态功能区转移支付力度，将生态保护和修复领域作为金融支持的重点，制定激励社会资本投入生态保护和修复的政策措施，加快健全自然资源有偿使用制度，对集体连片开展生态修复达到一定规模的经营主体，允许利用1%~3%的治理面积从事相关产业开发。

红树林保护修复行动计划 与自然资源部联合印发《红树林保护修复专项行动计划（2020—2025年）》的通知（以下简称《通知》）。《通知》明确了行动目标，对浙江、福建、广东、广西、海南现有红树林实施全面保护。推进红树林自然保护地建设，逐步完成自然保护地内的养殖塘等开发性、生产性建设活动的清退，恢复红树林自然保护地生态功能。实施红树林生态修复，在适宜恢复区域营造红树林，在退化区域实施抚育和提质改造，扩大红树林面积，提升红树林生态系统质量和功能。《通知》提出，要加大资金政策支持，中央财政支持地方开展红树林保护、监测等工作，自然资源部将按年度红树林造林合格面积的40%，对地方给予新增建设用地计划指标奖励。推进市场化保护修复，按照谁修复、谁受益的原则，鼓励社会资金投入红树林保护修复。

林草基础设施建设 9个部门联合印发《关于在农业农村基础设施建设领域积极推广以工代赈方式的意见》（以下简称《意见》）。《意见》明确，将林业草原基础设施纳入以工代赈政策实施范围，包括在营造林、森林保护、草原保护与修复、荒漠化治理等生态保护修复及油茶、储备林基地建设等领域中生产作用道路、贮存设施、灌溉基础设施和管护用房等配套和附属工程建设与维护，因灾损毁营造林附属配套工程复建等。另外，农村交通基础设施中林场林区等小型交通基础设施建设等也纳入以工代赈政策实施范围。有关行业主管部门要鼓励引导项目实施单位按照就地就近的原则，优先吸纳脱贫不稳定户、边缘易致贫户、其他农村低收入群体参与工程建设。

草原禁牧休牧管理 印发《关于进一步加强草原禁牧休牧工作的通知》，要求各地要明确划分禁牧休牧区域的原则、实施禁牧休牧的措施以及加强禁牧休牧监管的办法。对严重退化、沙化、盐碱化、石漠化的草原和生态脆弱区的草原，自然保护地和生态红线内禁止生产经营活动的草原要依法实行禁牧封育。禁牧区以外的草原应科学确定季节性休牧的具体区域和期限，及时向社会公布。休牧期草原管理要同禁牧期管理执行同等的标准。编绘县乡两级禁牧休牧草原分布图。草原面积较大的当地人民政府要及时发布禁牧休牧令。禁牧休牧草原要设立明显的禁牧区和休牧区标志。禁牧休牧期间，各地要在机构、人员、车辆和经费等方面给予大力保障，加强落实草原禁牧休牧的监督管理。

退耕还林还草管理 印发《关于进一步加强退耕还林还草工程管理 推动退耕还林还草高质量发展的通知》，要求逐级落实目标责任，签订责任书，层层压实责任，强化省、市两级的监督指导责任，配合做好前期地类审核，确保退耕地块符合政策要求，禁止在退耕还林还草地间作高秆作物，加强资金兑付环节的监管；全面梳理，对6类问题进行筛查，及时整改工程建设存在的问题；完善制度，建立健全工程管理制度体系；强化措施，保质保量完成计划任务。

同年11月印发《退耕还林还草作业设计技术规定》（以下简称《技术规定》）和《退耕还林还草档案管理办法》（以下简称《档案管理办法》，《技术规定》明确了作业设计的主要依据、外业调查、内业设计、文件编制和备案实施，《档案管理办法》明确了国家林业和草原局监督、检查和指导全国的工程档案管理工作，县级以上地方各级林业和草原主管部门监督、检查和指导辖区内的工程档案管理工作，各级林业和草原主管部门要保证开展工程档案管理工作的所需资金、设施和设备。

防沙治沙综合示范区创建 印发《创建全国防沙治沙综合示范区实施方案》和《全国防沙治沙综合示范区考核验收办法》，决定继续推动全国防沙治沙综合示范区建设，明确了创立条件和批复程序等，明确了考核验收范围、主要内容、组织安排、方法和程序、考核评估打分，经考核验收为优秀的，将通报表扬，在安排下一年度建设资金、任务时予以适当倾斜。

3.财政税收政策

林草保护修复资金管理 与财政部联合印发《林业草原生态保护恢复资金管理办法》，林业草原生态保护恢复资金主要用于天然林资源保护工程社会保险、政策性社会性支出、全面停止天然林商业性采伐、完善退耕还林政策、新一轮退耕还林还草、草原生态修复治理、生态护林员、国家公园等方面，要求各省在分配资金时，应当向革命老区、民族地区、边疆地区、贫困地区倾斜，脱贫攻坚有关政策实施期内，向深度贫困地区及贫困人口倾斜。建立"预算编制有目标、预算执行有监控、预算完成有评价、评价结果有反馈、反馈结果有应用"的全过程预算绩效管理机制。林业草原生态保护恢复资金实施期限至2022年。

林业改革发展资金管理 与财政部联合印发《林业改革发展资金管理办法》，林业改革发展资金主要用于森林资源管护、国土绿化、国家级自然保护区、湿地等生态保护方面，适当向承担国家战略省份和党中央、国务院关于林业改革发展重点工作任务省份以及革命老区、民族地区、边疆地区、贫困地区倾斜。建立"预算编制有目标、预算执行有监控、预算完成有评价、评价结果有反馈、反馈结果有应用"的全过程预算绩效管理机制。林业改革发展资金实施期限至2022年。

中央生态环保资金项目储备管理 4个部门联合印发《关于加强生态环保资金管理 推动建立项目储备制度的通知》（以下简称《通知》），建立中央生态环保资金项目储备库制度，自然资源部、生态环境部、国家林业和草原局会同财政部负责中央生态环保资金项目储备库制度的建设、管理和完善；省级自然资源、生态环境、林草部门和财政部门负责本省生态环保资金项目库建设，汇总上报本省生态环保项目，对项目内容的真实性、准确性负责，并加强对项目的管理和监督指导。《通知》明确入库项目资金范围、项目储备入库指南和储备库项目应用，各地项目申报以及纳入中央储备库的项目情况，作为中央财政生态环保转移支付分配重要参考依据。国家林业和草原局、财政部印发《中央财政林业草原项目储备库入库指南》通知，明确项目范围和入库管理。

进口种子种源税收 财政部、海关总署、税务总局联合印发《关于取消"十三五"进口种子种源税收政策免税额度管理的通知》，取消"十三五"进口种子种源税收政策的免税额度管理，自通知印发之日起执行。此次取消免税额度管理，将进一步推动相关单位根据市场情况合理确定进口规模，促进农林业发展。

4. 自然保护地管理政策

自然保护地整合优化 相继印发《关于做好自然保护区范围及功能分区优化调整前期有关工作的函》《关于生态保护红线自然保护地内矿业权差别化管理的通知》《关于生态保护红线划定中有关空间矛盾冲突处理规则的补充通知》等10余份文件，明确风景名胜区、永久基本农田、城市建成区、矿业权、人工商品林、重点国有林区、国有林场、草原放牧等一系列重点问题的处理规则。整合优化主要坚持以下基本原则：以生物多样性评估为基础，建立科学评价体系，着眼解决现实矛盾冲突和历史遗留问题；应划尽划、应保尽保，保持自然生态系统完整性和生态廊道连通性；不预设自然保护地面积，简化功能分区，采取差别化管控措施，对生态搬迁、永久基本农田、镇村、矿业权等逐步退出设置过渡期；结合国土空间规划编制，衔接三条控制线划定，统筹生产、生活、生态空间。2025年前完成自然保护地整合优化工作。在整合优化工作完成前，各类自然保护地仍然按照现有的法律法规和相关文件要求执行。各地要加快推进绿盾、中央环保督察等专项行动中的问题整改，坚决禁止借自然保护地整合优化调整一调了之。

长江流域自然保护地 印发《关于做好长江流域自然保护地禁捕有关工作的通知》，要求长江流域各林业草原主管部门全面加强自然保护地管理，落实好长江流域332个自然保护区和水产种质资源保护区自2020年1月1日起全面禁止生产性捕捞任务，实施为期10年的常年禁捕。强化执法监督，自然保护地不具备执法权的，及时将线索移交渔政、公安等部门。

风景名胜区监督管理 印发《关于切实加强风景名胜区监督管理工作的通知》，要求严格执行政策法规，做好包括风景名胜区在内的自然保护地整合优化工作，依法依规推动风景名胜区历史遗留问题和现实矛盾的有效解决，严防简单的"以调代改"。严格风景名胜区规划的编制、审批和实施，严禁在风景名胜区规划批准前进行各类建设活动，严禁破坏自然生态和自然人文景观，严禁不符合风景名胜区功能定位的开发建设。国家林业和草原局组织力量定期开展监测和核查，强化监督管理，各国家级风景名胜区管理机构要加强日常巡查、监测和监管。

国家公园标准 国家标准化管理委员会发布《自然保护地勘界立标规范》《国家公园总体规划技术规范》《国家公园考核评价规范》《国家公园监测规范》

等国家标准，规范了国家公园勘界立标、总体规划、考核评价和监测工作。

5. 野生动物保护管理政策

鸟类保护管理 与农业农村部联合印发《关于切实加强鸟类保护的通知》，各级陆生野生动物保护主管部门要配合地方政府落实鸟类保护属地管理责任，将鸟类保护工作纳入地方各级领导绩效考核内容。将鸟类保护纳入打击野生动植物非法贸易部际联席会议制度。加强种群及动态监测，逐步建立鸟类保护监测体系。强化行政执法，规范鸟类收容救护，禁止在候鸟迁徙停歇地以及越冬地随意进行投食和补饲，强化疫源疫病防控和预警，加强候鸟重要迁飞通道省际鸟类保护联防联控长效机制建设。印发《关于切实加强秋冬季鸟类等野生动物保护工作的通知》，要求各级林业和草原主管部门切实强化属地保护监管责任，建立健全部门间野生动物保护执法协调机制，加大执法监管力度，加强宣传教育，正确舆论导向。禁止擅自进入自然保护区观鸟和拍鸟，禁止追逐鸟群、干扰候鸟迁徙。国家林业和草原局要切实履行好监督职能。

蛙类保护管理 与农业农村部联合印发《关于进一步规范蛙类保护管理的通知》，对于目前存在交叉管理、养殖历史较长、人工繁育规模较大的黑斑蛙、棘胸蛙、棘腹蛙、中国林蛙（东北林蛙）、黑龙江林蛙等相关蛙类，由渔业主管部门按照水生动物管理。对其他蛙类，与农业农村部共同确定分类划分方案，适时调整相关名录。

禁食野生动物管理 印发《关于稳妥做好禁食野生动物后续工作的通知》，对珍贵、濒危水生野生动物以外的其他水生野生动物，适用《中华人民共和国渔业法》的规定；对列入《国家畜禽遗传资源目录》的动物，属于家畜家禽，适用《中华人民共和国畜牧法》的规定。对禁食后停止养殖的在养野生动物：科学实施放归自然；转作非食用性合法用途；对属于禁食范围养殖户放弃养殖的外来野生动物，不得放归自然，可委托代养或移交至具备条件的收容救护机构；对不能采取上述3种措施处置的在养野生动物，及时进行无害化处理。对禁食措施给部分养殖户、从业人员造成损失或影响等情况，各级林业和草原主管部门及时向地方政府报告，提出合理补偿建议，制定帮扶措施。印发《关于规范禁食野生动物分类管理范围的通知》，对64种在养禁食野生动物确定了分类管理范围，其中，45种是禁止以食用为目的的养殖活动，除适量保留种源等特殊情形外，引导养殖户停止养殖；19种是禁止以食用为目的的养殖活动，但允许用于药用、展示、科研等非食用性目的的养殖。

穿山甲保护管理 国务院批准将穿山甲属所有种调升为国家一级重点保护野生动物。印发《关于进一步加强穿山甲保护管理工作的通知》，一是对野外种群及其栖息地实施高强度保护。对穿山甲集中分布区域加强自然保护区建设，划建穿山甲重要栖息地，制定和采取相应保护措施。严格落实责任主体，充实保护管理人员队伍，加强野外种群监测。继续停止一切从野外猎捕穿山甲活动，确因科学研究等特殊情况猎捕穿山甲的，须制定严密的猎捕方案和提交猎捕活动可能对当地种群及栖息地造成影响的评估报告，经所在地省级林业和草原主管部门初审后，报国家林业和草原局审批，经组织专家科学论证通过并准予行政许可后方可实施。二是强化执法监管，依法严厉打击违法犯罪行为，各级林业和草原主管部门要会同公安、市场监管、网络监管、交通运输、海关等部门，将非法交易、食用、运输和走私穿山甲及其制品列入部门间联合执法重点内容，完善监管制度和手段。三是做好科学研究，推进放归自然。各省级林业和草原主管部门要支持收容救护、疾病防控、人工繁育、野化放归等研究工作。四是加强宣传教育，提高公众保护意识。

6. 资源利用政策

林地资源利用 10个部门联合印发《关于科学利用林地资源促进木本粮油和林下经济高质量发展的意见》（以下简称《意见》）。《意见》明确，要科学利用林地资源，引导构筑高效产业体系，全面提升市场竞争能力。《意见》提出，完善财税支持政策，中央预算内投资支持良种基地（采穗园）、新造木本油料经济林等工程建设，中央财政资金支持木本油料产业发展，符合条件的常用机械列入农机购置补贴范围，按规定对返乡创业农民工给予创业扶持政策，实行农业生产用电价格，关键技术研发纳入国家科技计划。加大金融支持力度，鼓励金融机构加大信贷投入，贷款纳入政府性融资担保服务范围，建立投融资项目储备库，鼓励保险机构扩大产业保险业务范围，支持各类市场主体建设产地设施，鼓励企业上市，发行公司债券、企业债券。

承包和流转合同规范管理 与国家市场监督管理总局联合印发《关于印发集体林地承包合同和集体林权流转合同示范文本的通知》，对2014年发布的《集体林地承包合同（示范文本）》和《集体林权流转合同（示范文本）》进行了修订，发布了集体林地承包合同（示范文本）（GF-2020-2602）和集体林权流转合同（示范文本）（GF-2020-2603），2014版同时废止。

特色农产品优势区管理 7个部门联合印发《中国特色农产品优势区管理办法（试行）》，鼓励林业重点龙头企业等主体积极参与，明确申报中国特色农产品优势区的条件和认定程序，中国特色农产品优势区实行"监测评估、动态管理"的管理机制，建立中国特色农产品优势区动态监测和综合评估制度，动态调整"中国特色农产品优势区"称号。

（二）林草法治

1. 立法

林草重点立法 一是配合全国人民代表大会环境与资源保护委员会、全国人民代表大会常务委员会法制工作委员会完成《全国人民代表大会常务委员会关于全面禁止非法野生动物交易、革除滥食野生动物陋习、切实保障人民群众生命健康安全的决定》的起草工作，该决定于2020年2月24日经十三届全国人民代表大会常务委员会第十六次会议审议通过。二是配合全国人民代表大会环境与资源保护委员会、全国人民代表大会常务委员会法制工作委员会做好野生动物保护法修改。参加修改工作专班和起草小组，就修订草案提出意见和建议。2020年10月13日，《中华人民共和国野生动物保护法（修订草案）》提请十三届全国人民代表大会常务委员会第二十二次会议进行了初次审议。三是配合全国人民代表大会环境与资源保护委员会推进湿地保护法制定。参加全国人民代表大会环境与资源保护委员会成立的湿地保护立法起草小组，就重点难点问题加强和环境与资源保护委员会以及相关部门的沟通协调，开展专题论证。会同自然资源部、生态环境部等部门共同组成调研组先后赴江苏、辽宁以及江西开展湿地保护立法调研。配合全国人民代表大会环境与资源保护委员会和司法部做好湿地保护法征求意见工作，形成《中华人民共和国湿地保护法（草案）》。四是加快推进森林法实施条例修改。在开展立法调研、召开座谈会广泛征求意见的基础上，形成《中华人民共和国森林法实施条例（修订草案）（征求意见稿）》。五是推动国家公园法、自然保护地法、草原法、自然保护区条例、风景名胜区条例、森林草原防灭火条例以及古树名木保护条例等法律法规规章制（修）订。六是印发修订后的《国家林业和草原局立法工作规定》。

其他林草立法 一是配合全国人民代表大会环境与资源保护委员会、全国人民代表大会常务委员会法制工作委员会做好生物安全法立法工作。2020年10月17日，《中华人民共和国生物安全法（草案）》经十三届全国人民代表大会常务委员会第二十二次会议审议通过。二是配合全国人民代表大会环境与资源保护委员会、全国人民代表大会常务委员会法制工作委员会做好《中华人民共和国长江保护法》制订工作。2020年12月26日，《中华人民共和国长江保护法（草案）》经十三届全国人大常委会第二十四次会议审议通过。三是配合全国人民代表大会、司法部、国家发展和改革委员会等做好乡村振兴促进法、动物防疫法、黄河保护法、生态保护补偿条例等涉林草立法工作。

审批制度改革 一是推进简政放权工作。按照国务院文件要求，全面梳理国家林业和草原局负责实施和指导的行政许可事项，形成《中央层面设定的行政许可事项清单（林草局）》；国务院第105次常务会议取消了一批行政许可事项，涉及国家林业和草原局13项，其中，8项以（国发〔2020〕13号）文件公布，另有5项有关法律设定的行政许可待修法后予以公布。国家林业和草原局公告2020年第17号公布了取消事项具体信息。15项涉企经营许可事项实现"证照分离"改革在自由贸易试验区内全覆盖；发布国家林业和草原局公告2020年16号，继续将部分野生动植物进出口行政许可委托省级林草部门实施。二是强化事中事后监管。组织开展"双随机、一公开"监管工作，各监管单位对审批重点领域的被许可人进行实地监督检查，检查结果依法予以公开，在国家"互联网+监管"系统等平台同步发布；加强对取消行政许可事项的监管，针对取消的8项行政许可事项，逐一制定事中事后监管细则，明确监管的具体措施，发布国家林业和草原局公告2020年第20号、第21号予以公布。三是创新优化服务工作。实行行政审批集中办公，设立审批服务中心，现有的26项行政许可事项和1项基本建设项目审批集中办公，审批工作"一站式"办结，推进在线政务服务一体化，成立政务服务中心，初步实现行政许可全流程网上审批，开展政务服务"好差评"，评价满意率100%。

规范性文件 共印发规范性文件2件（表12）。

表12 2020年国家林业和草原局发布的规范性文件目录

序号	文件名称	文号	发布日期
1	国家林业和草原局关于统筹推进新冠肺炎疫情防控和经济社会发展做好建设项目使用林地工作的通知	林资规〔2020〕1号	2020/2/28
2	国家林业和草原局关于印发《草原征占用审核审批管理规范》的通知	林草规〔2020〕2号	2020/6/9

2. 执法与监督

行政案件查处 全国共发生林草行政案件12.16万起，查结11.92万起。其中，林业行政案件11.32万起，查结11.11万起；违反草原法规案件8376起，查结8090起（图38）。恢复林地1.21万公顷、自然保护区或栖息地2.82公顷；没收木材3.26万立方米、种子0.11万千克、幼树或苗木318.92万株；没收野生动物10.29万只、野生植物4.11万株，收缴野生动物制品2977件、野生植物制品370件；案件处罚总金额16.94亿元，被处罚人数12.30万人次，责令补种树木1067.40万株。

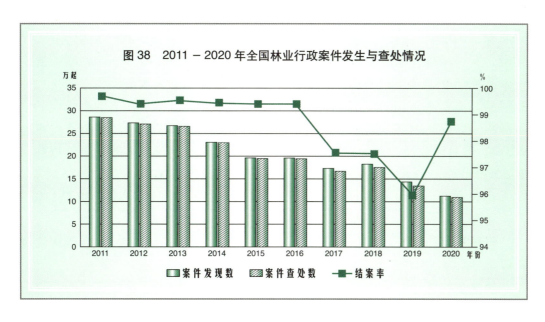

图38 2011－2020年全国林业行政案件发生与查处情况

案件督查督办 共督查督办案件3026起，办结2511起，办结率82.98%。行政或纪律处分等追责问责3155人次，刑事处罚480人。收回林地1.10万公顷，罚款2.27亿元，罚金7583万元。共约谈343人，其中，地市级39人，县处级165人，科级及以下人员139人。重点挂牌督办贵州赤水房地产违法占地、海南儋州毁林开垦、四川攀枝花风电违法占地3起重大破坏森林资源案件。针对森林督查和信访网络舆情案件督办成果，组织相关地区集中力量查处整改毁林种参、土地整理毁林造地、政策文件违反《中华人民共和国森林法》等问题。加强破坏草原资源大案要案查处的挂牌督办工作，查处多起未批先建非法征占用草原等破坏草原资源的重大案件。

野生动植物执法监管 配合全国人民代表大会常务委员会开展"一决定一法"执法检查，组织开展了多次执法专项行动和宣传活动，组织召开打击野生动植物非法贸易部际联席会议第三次会议、打击野生动植物非法贸易部际联席会议制度协同推进打击线上非法贸易工作会议。在联合执法方面，会同市场监管总局、公安部、农业农村部、海关总署，联合开展打击野生动物违法交易专项行动；会同农业农村部、中央政法委、公安部、市场监管总局、网信办联合开展打击整治破坏野生植物资源专项行动；会同市场监管总局、公安部等14个部门联合开展"网剑行动"。2020年，全国林草系统共出动执法人员259.08万人次，出动车辆35.31万车次，清查整治市场、餐馆饭店等经营场所105.55万处，检查人工繁育场所25.25万处，共办理野生动物违法案件3574起，收缴非法工具6207件，收缴野生动物11.29万头（只），收缴野生动物制品3290.08千克。

种苗执法监管 持续开展打击制售假劣种苗工作。全国共查处假冒伪劣、无证、超范围生产经营、未按要求备案、无档案等各类种苗违法案件81起，案值金额439.46万元，罚没金额181余万元，没收销毁苗木144万株。其中，查处制售假冒伪劣种苗案件18起，罚没金额40.85万元。移送司法机关5件，涉及8人。对河北、内蒙古、辽宁、上海、湖南、广西、甘肃、青海8个省（自治区、直辖市）开展林草种苗质量监督指导工作，共检测草种子样品70个、种球12批、苗木苗批68个，涉及27个县77个单位，检测结果显示，苗木苗批和进口花卉种球样品合格率达到100%，草种子样品合格率为56.7%；林木种苗生产经营单位持证率、标签使用率、建档率达到100%，档案齐全率为75.8%，种苗自检率达97.0%。造林作业设计对种苗的遗传品质和播种品质提出准确要求的单位数量占81.3%和100%；93.8%的单位按造林作业设计使用苗木。

行政许可 本级共接收行政许可申请11703件，受理11308件，办结11089件，其中，准予许可10580件，不予许可10件，其他499件。

行政复议和诉讼 共办理行政复议案件32件，撤销违法行为2件，确认未履行职责2件，纠错率12.5%；应诉行政诉讼案件49起。

执法资格管理 明确应取得执法资格人员范围，组织法律知识培训，统一举行执法资格考试，共有328名干部取得执法资格。

3. 普法

普法学习 建立领导班子集体学法、干部日常学法、法治业务培训、旁听庭审、考核评估等机制，完善机关干部学法用法制度。

普法宣传 一是调整充实普法领导小组，由班子成员担任组长，人事、党务、宣传和法治工作机构负责人担任副组长，明确领导小组、领导小组办公室和各成员单位职责，强化组织协调、督导检查和责任落实。二是落实"谁执法谁普法"责任制，将林草领域9部法律、18部行政法规以及配套部门规章的普法责任分解落实到具体局属单位，先后组织了禁食野生动物决定、森林法、民法典、宪法宣传周等普法宣传活动。三是组织开展了草原普法宣传月活动，各地创新宣传方式，举办了多种形式的草原普法宣传现场活动，取得了很好的宣传效果。内蒙古、河南、黑龙江、陕西、浙江、山西等省（自治区）借助网络、自媒体、报刊、广播、电视等媒体宣传覆盖面广的优势，以推介草原、普法专栏、专题访谈、媒体记者草原行、公益广告等形式深入宣传草原法律法规。据不完全统计，各省（自治区）共出动宣传车辆660余台次，宣传人员5490余人次，发放各类宣传材料近54万份，悬挂宣传横幅6000余条，张贴宣传标语2万余条，在电视、广播、报刊、网络等媒体上宣传5000余次，发布短信13万余条，制作宣传板4000余块，举办培训班和讲座等25场，入户宣传80余次，培训人员2405人次，解答群众咨询近10万人次，设立咨询站点50余个，接受宣教群众人数达250余万人次。

N

P119-130

重点流域和区域

- 国家发展战略下的重点流域和区域林草发展
- 传统区划下的林草发展
- 东北、内蒙古重点国有林区林业发展

重点流域和区域

我国幅员辽阔，重点流域和区域林草事业发展条件和基础存有差异，也各具特色。各区域林草业正常生产活动的开展一定程度上受到了新冠疫情的负面影响，但整体发展势头良好，各项工作扎实推进，流域和区域林草高质量发展取得进展。

（一）国家发展战略下的重点流域和区域林草发展

长江经济带 长江经济带覆盖上海、江苏、浙江、安徽、江西、湖北、湖南、重庆、四川、贵州、云南等11个省（直辖市），是中央重点实施的"三大战略"之一，作为东、中、西互动合作的协调发展带在区域乃至全国生态文明建设、经济高质量发展等方面发挥着重要作用。该区域面积约205.23万平方千米，占全国的21.38%；2020年末共有常住人口6.06亿人，占全国的42.99%；地区生产总值为47.16万亿元，占全国的46.58%；人均地区生产总值达7.78万元[②]。

2020年1月1日零时起，长江流域332个自然保护区全面禁止生产性捕捞。长江流域各地重点水域也将相继进入为期10年的常年禁渔期。2020年11月14日，习近平总书记在江苏省南京市主持召开全面推动长江经济带发展座谈会并发表重要讲话，明确提出"使长江经济带成为我国生态优先绿色发展主战场、畅通国内国际双循环主动脉、引领经济高质量发展主力军"，为进一步推动长江经济带发展指明方向。2020年12月1日，中共中央政治局常委、国务院副总理、推动长江经济带发展领导小组组长韩正主持召开推动长江经济带发展领导小组会议，研究部署推动长江经济带高质量发展主要任务。

2020年，委托第三方独立机构系统评估了长江经济带"共抓大保护"林草建设成效，评估报告认为，长江经济带增绿扩面成效显著，湿地生态功能退化的不利趋势得到初步扭转，生物多样性明显提高，林草生态功能进一步增强，为"共抓大保护"发挥了重要作用。配合推动长江经济带发展领导小组办公室编制《"十四五"长江经济带湿地保护修复实施方案》。配合参与编制《国家发展改革委加快推进洞庭湖、鄱阳湖生态保护补偿机制建设的指导意见》。

此外，两项长江经济带国际项目获准实施。一是世界银行和欧洲投资银行

---

② 本部分中国国土面积按960万平方千米进行计算；区域基本情况有关数据主要来自推动长江经济带发展网及国家统计局国家数据分省年度数据，详见战略基本情况——长江经济带(ndrc.gov.cn)及国家数据(stats.gov.cn)。

联合融资的"长江经济带珍稀树种保护与发展项目"顺利实施。累计完成了营造林约6万公顷,含新造林约2.1万公顷、现有林改培约2.03万公顷、森林抚育1.54万公顷、人工促进天然更新3000公顷。二是全球环境基金"长江经济带生物多样性就地保护项目"获全球基金理事会秘书处批准。项目赠款360万美元,将在安徽、江西和四川3个省通过支持自然保护地网络和部门机构间的协调行动,改善长江经济带关键区域的生物多样性,这是国家林业和草原局获得全球环境基金支持的唯一涉长江经济带战略的赠款项目。

长江经济带林草发展状况如表13所示。

表13 2020年长江经济带林草发展状况

指标	数值	占全国的比重（%）
造林面积（万公顷）	269.26	38.83
种草改良面积（万公顷）	35.25	10.93
林草产业总产值（亿元）	41013.95	50.19
其中：林业产值（万亿元）	40917.88	50.41
草原产业产值（亿元）	96.07	17.70
经济林产品产量（万吨）	6961.97	34.86
木材产量（万立方米）	3200.49	31.20
林草旅游人数（亿人次）	16.34	64.74

黄河流域 黄河流域是中华民族和农耕文明的重要发祥地,覆盖青海、四川、甘肃、宁夏、内蒙古、陕西、山西、河南、山东9个省（自治区）,区域整体地势西高东低,西部河源地区由冰川高山组成,中部地区为水土流失较为严重的黄土高原,东部是黄河冲积平原,地形地貌较为复杂,但对于我国经济社会发展和生态安全的意义重大。该流域9个省（自治区）行政面积达356.76万平方千米,占全国的37.16%；2020年底共有常住人口4.21亿人,占全国的29.88%；地区生产总值为25.39万亿元,占全国25.07%；人均地区生产总值为6.03万元。

2020年4月,习近平总书记在陕西考察时强调,要坚持不懈开展退耕还林还草,推进荒漠化、水土流失综合治理,推动黄河流域生态保护和高质量发展。2020年4月,会同财政部、生态环境部、水利部印发《支持引导黄河全流域建立横向生态补偿机制试点实施方案》,明确了健全黄河流域横向生态补偿机制的总体要求、实施范围和期限、主要措施以及组织保障。2020年6月,经中央全面深化改革委员会第十三次会议审议通过,发展和改革委员会同自然资源部印发《全国重要生态系统保护和修复重大工程总体规划（2021—2032年）》（以下简称《总体规划》），将"黄河重点生态区（含黄土高原生态屏障）生态保护和修复重大工程"列为重大工程，提出了"开展重点河湖、黄河三角洲等湿地保护与恢复，保证生态流量，实施地下水超采综合治理，开展滩区土地综合整治"等治理思路。2020年8月，系统完成了黄河流域生态保护和高质量发展专题调研工作，形成了专项调研报告。协调财政部在内蒙古、青海等黄河流域5个省（自治区）启动实施了规模化防沙治沙试点项目。

黄河流域林草发展状况如表14所示。

表14　2020年黄河流域林草发展状况

指标	数值	占全国的比重（%）
造林面积（万公顷）	266.67	38.46
种草改良面积（万公顷）	160.56	49.78
林草产业总产值（亿元）	15876.23	19.43
其中：林业产业产值（亿元）	15633.55	19.26
草原产业产值（亿元）	242.69	44.71
经济林产品产量（万吨）	6285.23	31.47
木材产量（万立方米）	1149.98	11.21
林草旅游人数（亿人次）	4.52	17.91

京津冀区域　京津冀地区是我国构建的"首都经济圈"，包括北京市、天津市以及河北省，三者地缘相接且各自形成了清晰的发展定位，不断联手探索生态文明建设的有效路径，提升区域整体发展水平。该区域面积达21.83万平方千米，占全国总面积的2.27%；截至2020年底共有常住人口1.10亿人，占全国总人口的7.83%；实现地区生产总值8.64万亿元，占全国8.53%；人均地区生产总值为7.83万元。

2020年10月24日，京津冀生态文明建设协同发展高层次专家研讨会在北京中国科技会堂举办。本次会议由中国科学技术协会主办，中国林学会承办。会议主题为"林业、草原、国家公园助力京津冀生态文明建设"。

北京、天津、河北三省（直辖市）推进区域林草发展工作。其中，北京市推动京津保地区绿化建设，结合2020年新一轮百万亩造林绿化工程，在大兴区安排造林0.22万公顷；推动京津风沙源治理二期建设，计划完成造林营林2.74万公顷；持续推进三北工程规模化林场试点建设，下达雄安新区白洋淀上游规模化林场建设中央投资8910万元，完成营造林任务2.43万公顷；支持张承地区植树造林，累计实施造林绿化0.21万公顷，森林质量精准提升0.2万公顷；与雄安新区开展林业有害生物防控区域合作，累计支持雄安新区林业有害生物防控物资折合103.4万元，并在信息共享、联防联治、应急防控、支援互助、技术交流、联合执法等方面开展联动合作。河北省打造京津冀生态环境支撑区，河北省政府办公厅、省林业和草原局、张家口市分别印发《关于加强草原生态保护构筑生态安全屏障的意见》《关于进一步加强草原禁牧休牧工作的通知》《张家口市坝上地区退耕种草实施方案》等文件，对加强草原生态保护进行了部署，召开了京津冀协同发展林业有害生物联防联治调研会商暨松材线虫病无人机普查现场培训，举办了第七届京津冀蒙林木种苗交易会。《2020年天津市政府工作报告》提出，深入推进京津冀协同发展重点领域协同合作；加强引滦水源保护，实施新一轮引滦入津上下游横向生态补偿协议，联动开展永定河流域综合治理和生态修复；加强生态保护修复，优化国土空间开发保护格局，坚持留白、留绿、留璞，坚决守好生态红线；落实好875平方千米湿地自然保护区"1+4"规划，建设南港工业区生态湿地公园、中新天津生态城东堤海滨廊道等生态工程；加快双城间736平方千米绿色生态屏障建设，继续实施大规模植树造林，为京津冀再造一叶"城市绿肺"；强化153千米海岸线保护，修复完成400公顷滨海湿地，升级保护大神堂牡蛎礁国家级海洋特别保护区；天津市通过《天津市绿色生态屏障管控地区管理若干规定》。天津市践行习近平生态文明思想，高标准建设京津冀东部绿色生态屏障，从京津冀协同发展的大环境、大生态、大系统着眼，筑牢首都"生态护城河"。

京津冀区域林草发展状况如表15所示。

表15　2020年京津冀区域林草发展状况

指标	数值	占全国的比重（%）
造林面积（万公顷）	49.11	7.08
种草改良面积（万公顷）	7.72	2.39
林草产业总产值（亿元）	1732.55	2.12
其中：林业产业产值（亿元）	1729.46	2.13
草原产业产值（亿元）	3.08	0.57
经济林产品产量（万吨）	1119.26	5.60
木材产量（万立方米）	163.19	1.59
林草旅游人数（亿人次）	1.22	4.83

"一带一路"中国区域　"一带一路"是"丝绸之路经济带"和"21世纪海上丝绸之路"的简称，其中，"丝绸之路经济带"覆盖新疆、重庆、陕西、甘肃、宁夏、青海、内蒙古、黑龙江、吉林、辽宁、广西、云南、西藏13个省（自治区、直辖市），"21世纪海上丝绸之路"覆盖上海、福建、广东、浙

江、海南5个省（直辖市），共计18个省（自治区、直辖市）。作为国家级顶层合作倡议，"一带一路"是全球生态文明建设的优先实践平台，一系列重要政策的出台也为我国林草业的发展带来了宝贵机遇。

该区域18个省（自治区、直辖市）行政区划面积合计达748.18万平方千米，占全国的77.94%；2020年底，区域共有常住人口6.26亿人，占全国的44.42%；区域生产总值合计46.15万亿元，占全国的45.58%；人均地区生产总值为7.37万元。

坚持深化改革、扩大开放，持续深化"一带一路"林草合作内涵，统筹做好林草领域稳外贸稳外资工作，提升我国林草国际合作和竞争水平，推动绿色丝绸之路建设迈向高质量发展。2020年12月30日，国家林业和草原局"一带一路"生态互联互惠科技协同创新中心（以下简称"创新中心"）2020年度工作交流会在北京召开。2020年加快落实我国与俄罗斯、埃及、摩洛哥等"一带一路"重点国家的荒漠化防治工作，推动我国防沙治沙成熟经验和先进技术走出去。此外，与德国共推"一带一路"国家绿色保护地建设工作。

"一带一路"区域林草发展状况如表16所示。

表16　2020年"一带一路"区域林草发展状况

指标	数值	占全国的比重（%）
造林面积（万公顷）	388.76	56.07
种草改良面积（万公顷）	287.96	89.27
林草产业总产值（亿元）	39611.70	48.47
其中：林业产业产值（亿元）	39121.58	48.19
草原产业产值（亿元）	490.12	90.30
经济林产品产量（亿吨）	1.07	53.50
木材产量（万立方米）	7089.48	69.12
林草旅游人数（亿人次）	10.51	41.64

（二）传统区划下的林草发展

东部地区　包括北京、天津、河北、山东、上海、江苏、浙江、福建、广东、海南10个省（直辖市）。东部地区林草发展状况如表17所示。该区林业产业实力雄厚，林草旅游业发达，是人造板和木竹地板生产的聚集区。

表17 2020年东部地区林草发展状况

指标	数值	占全国的比重（%）
造林面积（万公顷）	129.43	18.67
种草改良面积（万公顷）	7.72	2.39
林草产业总产值（亿元）	33809.43	41.37
其中：林业产业产值（亿元）	33804.51	41.64
草原产业产值（亿元）	4.92	0.91
经济林产品产量（万吨）	6631.43	33.21
木材产量（万立方米）	2814.18	27.44
林草旅游人数（亿人次）	9.57	37.92

该区林业产业总产值33804.51亿元，比2019年略微减少1.17%，占全国的41.64%，为全国林业产业产值最高的区域。区内广东林业产业总产值为全国最高，达8212.20亿元。该区单位森林面积实现林业产业产值9.45万元/公顷，为全国最高水平。

共接待林草旅游人数9.57亿人，占全国的37.92%，受疫情影响比2019年减少30.75%。林业草原康养与休闲人数为1.87亿人，与2019年基本持平。林草旅游、休闲与康养总收入为4222.73亿元，同2019年相比下降了17.53%，占全国的31.71%，带动其他产业产值合计达2807.06亿元。

人造板产量为1.81亿立方米，占全国的55.69%，比2019年增长1.12%；木竹地板产量为5.57亿平方米，占全国的72.06%，比2019年下降5.91%。

中部地区 包括山西、安徽、江西、河南、湖北、湖南6个省。中部地区的林草发展状况如表18所示。该区生态建设状况良好，林业产业产值持续增长，油茶和苗木产业实力较强。

表18 2020年中部地区林草发展基本状况

指标	数值	占全国的比重（%）
造林面积（万公顷）	173.77	25.06
种草改良面积（万公顷）	1.81	0.56
林草产业总产值（亿元）	21648.12	26.49
其中：林业产业产值（亿元）	21625.49	26.64
草原产业产值（亿元）	22.63	4.17
经济林产品产量（万吨）	4214.87	21.11
木材产量（万立方米）	1741.68	16.98
林草旅游人数（亿人次）	6.60	26.15

该区油茶产业产值达1048.14亿元，占全国的68.56%；年末实有油茶林面积294.25万公顷，占全国的66.11%；苗木产量位列全国第一，为5.77亿株，占全国的47.93%；茶油产量53.97万吨，占全国的74.96%。区内湖南省的油茶产业发展最好，有规模以上油茶加工企业184家，产值达到547.72亿元，占全国的35.83%，列全国首位。

西部地区 包括内蒙古、广西、重庆、四川、贵州、云南、西藏、陕西、甘肃、青海、宁夏、新疆12个省（自治区、直辖市）。西部地区林草发展状况如表19所示。该区生态环境较为脆弱，生态建设任务较重；该区域系我国草原主要分布区；区内核桃产业特色优势明显；经济林产品生产实力雄厚，不同省份各具特色；西部地区是我国主要木材和竹材的来源地。

表19 2020年西部地区林草发展状况

指标	数值	占全国的比重（%）
造林面积（万公顷）	347.11	50.06
种草改良面积（万公顷）	303.79	94.18
林草产业总产值（亿元）	23248.17	28.45
其中：林业产业产值（亿元）	22750.72	28.03
草原产业产值（亿元）	497.44	91.65
经济林产品产量（万吨）	8373.86	41.93
木材产量（万立方米）	5230.56	50.99
林草旅游人数（亿人次）	8.56	33.91

该区共完成造林面积347.11万公顷，占全国造林总面积的50.06%。内蒙古造林面积居全国首位，面积达65.00万公顷。林业有害生物发生面积为606.97万公顷，占全国的47.48%，与2019年相比略有降低；防治面积为452.23万公顷，占全国的44.81%。

该区种草面积110.86万公顷，占全国的93.39%；草原改良面积192.93万公顷，占全国的94.63%；草原管护面积2.54亿公顷，占全国的98.45%，其中，禁牧面积和草畜平衡面积分别占全国的95.22%和99.76%。

年末实有核桃种植面积642.28万公顷，占全国的82.11%；核桃产量396.25万吨，与2019年基本持平，占全国的82.62%。区内云南省是全国核桃种植面积最大的省份，也是核桃产量最多的省份，分别达到323.31万公顷、150.27万吨，各占全国的41.33%及31.33%。

该区各类经济林产品总量达8373.86万吨，占全国的41.93%。其中，水果、干果产量均居全国首位，分别为6671.66万吨和477.34万吨，各占全国的40.82%

和38.08%；林产饮料产品、林产调料产品、森林药材、木本油料和林业工业原料都发展较好，分别占全国的45.11%、79.58%、46.14%、57.13%和66.88%。广西的经济林产品总量排名全国第一，为2140.07万吨。

该区木材产量为5230.56万立方米，占全国的50.99%。该区大径竹产量为10.83亿根，占全国的33.40%；小杂竹产量为1762.26万根，占全国的57.52%。广西作为重要的木材战略储备生产基地，木材产量为3600.43万立方米，比2019年提高了2.87%，占全国木材总产量的35.10%，名列全国第一。

专栏13 推进西部大开发 形成林草工作新格局

国土绿化 安排西部省份中央预算内投资4.66亿元，下达长江、沿海、珠江等重点防护林工程年度营造林任务6.48万公顷。督促落实退耕还林还草年度建设任务，协调安排2020年度任务51.08万公顷。加快推进三北防护林体系建设，安排中央预算内投资18.6亿元、中央财政资金2.1亿元，下达营造林任务50.37万公顷。实施石漠化综合治理工程，完成营造林任务19.4万公顷。加快推进三北工程建设，安排中央预算内投资18.6亿元、中央财政资金2.1亿元，下达营造林任务50.37万公顷。继续在西部省份的26个县开展三北工程精准治沙重点县建设。推进草原生态保护修复治理，安排中央预算内投资22.67亿元，实施退牧还草、草原围栏等项目；安排中央财政资金27亿元，支持开展退化草原修复治理。

质量提升 加强天然林资源保护，全面停止天然林商业性采伐，林区职工基本养老和医疗保险实现全覆盖。加强湿地保护，安排中央财政资金8.3亿元，开展湿地保护与恢复等工作。对西部省份的25个国家湿地公园开展验收工作，将黄河源、甘南湿地、若尔盖湿地等纳入《全国湿地保护"十四五"实施规划》。继续推进沙化土地封禁保护，累计建设沙化土地封禁保护区108个，封禁保护面积177.2万公顷。

自然保护地建设 推进秦岭等国家公园体制试点工作，指导推动青海省创建以国家公园为主体的自然保护地体系示范省建设和西部省份做好自然保护地整合优化工作，建立国家公园体制试点挂点联络工作机制。西部省份共有国家级自然保护区209处、国家级自然公园905处、世界地质公园14处、世界自然遗产9项、世界自然文化双遗产1项。

生态富民 联合有关部门公布首批31家西部省份国家森林康养基地名单。扩大生态护林员选聘规模，新增西部省份生态护林员补助资金3.69亿元，年度资金规模达45.6亿元，占全国总规模的70.16%，选聘续聘生态护林员81.18万名，占全国选聘人数的73.64%，精准带动西部地区贫困群众脱贫增收，实现生态保护与脱贫增收"双赢"。

东北地区 包括辽宁、吉林、黑龙江（包含大兴安岭地区）3个省。东北地区林业发展状况如表20所示。该区是我国生态建设的重点区域，也是当前国有林业改革的深水区。林业产业转型发展仍面临较多瓶颈。

表20　2020年东北地区林草发展状况

指标	数值	占全国的比重（%）
造林面积（万公顷）	43.06	6.21
种草改良面积（万公顷）	9.25	2.87
林草产业总产值（亿元）	3013.42	3.69
其中：林业产业产值（亿元）	2995.64	3.69
草原产业产值（亿元）	17.78	3.28
经济林产品产量（万吨）	749.96	3.76
木材产量（万立方米）	470.59	4.59
林草旅游人数（万人次）	5106.15	2.02

受重点国有林区改革、相关产业转型升级和疫情的多重影响，该区林业产业产值有所下降，为2995.64亿元，占全国的3.69%，比2019年减少了15.12%。主要木材产品产量为470.59万立方米，占全国的4.59%。该区林业和草原系统内共有2599个单位。该区林草系统从业人员和在岗职工人数为各区最多，分别为33.36万人和32.82万人，分别占全国的35.80%和38.44%。

各区域间的主要林业发展指标比较如图39所示，东部地区的单位森林面积林业产业产值以及林业和草原系统在岗职工年平均工资远高于其他三个地区；西部地区人均造林面积为全国最高水平。

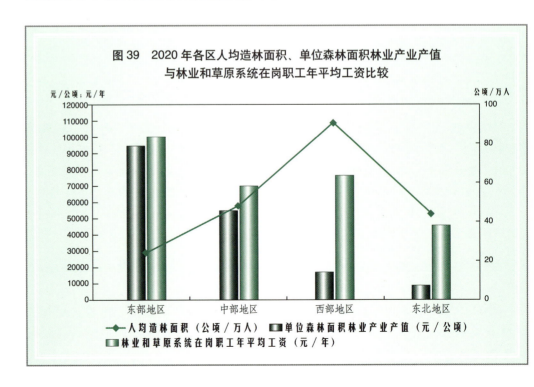

图39　2020年各区人均造林面积、单位森林面积林业产业产值与林业和草原系统在岗职工年平均工资比较

(三)东北、内蒙古重点国有林区林业发展

东北、内蒙古重点国有林区是指分散于吉林、黑龙江和内蒙古三省的吉林森工集团、长白山森工集团、龙江森工集团、大兴安岭林业集团、伊春森工集团、内蒙古森工集团下属87个森工企业及相关林业经营单位所构成的林区,是国有林业全面深化改革和产业转型升级的攻坚地区。该区林业发展状况如表21所示。

表21　2020年东北、内蒙古重点国有林区林业发展基本状况

指标	数值	占全国的比重(%)
造林面积(万公顷)	15.74	2.27
森林抚育面积(万公顷)	146.29	16.05
林业产业总产值(亿元)	491.72	0.61
经济林产品产量(万吨)	11.93	0.06
木材产量(万立方米)	34.00	0.33

全面完成重点国有林区改革任务及验收评估工作,研究制定委托森工企业经营保护森林资源的相关制度办法;完成大兴安岭林业集团公司清产核资和机构组建,实现人财物和业务工作归国家林业和草原局直管。2020年,该区加大了森林经营力度,森林抚育面积有明显增加;受疫情和林区改革转型发展的影响,林业产业产值和林下经济产值均有较大幅度下降;国家对该区的投资扶持略有增加。东北、内蒙古重点国有林区完成造林面积共15.74万公顷;完成森林抚育面积146.29万公顷,比2019年增长了13.25%。林业产业总产值为491.72亿元,与2019年相比下降了18.39%,其中,龙江森工集团林业产业总产值最高,为232.95亿元,占比47.37%。三次产业结构比由2019年的40.21∶14.53∶45.26调整为2020年的48.02∶14.45∶37.53。东北、内蒙古重点国有林区林下经济产值为114.40亿元,较2019年相比有较大下降,降幅达38.52%。年末人数共33.47万人,比2019年减少了2.11万人;在岗职工为25.87万人,在岗率为77.29%。累计完成林草投资200.02亿元,比2019年增加5.65亿元。其中,生态修复治理资金为100.19亿元,占比50.09%;累计完成林草固定资产投资30.22亿元,其中,国家投资25.63亿元。

06 支撑与保障

P131-140

- 种苗
- 科技
- 教育
- 网络安全和信息化
- 国有林场
- 林业工作站

支撑与保障

2020年,林木种苗管理水平稳步提升,科技成果推广及自主创新能力进一步提升,林业信息化和林业工作站建设能力不断作出新成绩。

(一)种苗

种质资源保护 国家林草种质资源设施保存库山东分库一期建设完成并投入使用,二期项目已投入建设;新疆分库完成二期项目建设。

种苗生产 全国共采收林草种子5483万千克。共生产林木种子2487万千克,比2019年增长9.22%。其中,良种873万千克,良种穗条23.4亿条(根)。生产草种2996万千克,比2019年增长16.17%。育苗与造林绿化实际用种4635万千克,其中,实际用林木种子1941万千克,实际用草种2694万千克,与2019年相比,分别减少0.05%和7.74%。全国育苗总面积139.45万公顷,其中,新育面积13.73万公顷。可供造林绿化苗木总量368亿株。实际用苗量129亿株,与2019年相比,减少14.57%。全国共有各类苗圃34.67万个,其中,国有苗圃0.37万个;保障性苗圃641个。良种基地总面积20.44万公顷,良种基地共1143处(其中国家级良种基地294处)。

行业管理 印发《关于做好当前种苗生产供应工作的通知》,确保造林绿化用苗不断档。持续开展良种基地树种结构调整,完成马尾松树种结构调整。发布《2020年度全国苗木供需分析报告》,有序引导种苗生产者合理经营。加强林草品种管理,确定30处草品种区域试验站。印发《关于开展2020年林草种苗质量监督指导工作的通知》,对8个省份开展林草种苗质量监督指导工作。印发《〈林草生产经营许可证电子证照〉全国一体化在线政务服务平台标准》。印发《关于组织开展2020年打击制售假劣种苗和保护植物新品种权工作的通知》,严厉打击制售假冒伪劣种苗行为。

品种审定 林木品种审定方面,国家林业和草原局林木品种审定委员会审(认)定林木良种27个。25个省级林木品种审定委员会审(认)定林木良种551个。浙江、四川、新疆、重庆、山西5个省份引种备案林木良种11个。草品种审定方面,国家林业和草原局草品种审定委员会开展首次国家级草品种审定工作,审定草品种18个,其中包括育成品种7个、野生驯化品种8个、引进品种3个。内蒙古自治区草品种审定委员会审定17个草品种。

(二)科技

中央财政安排林业科技资金9.29亿元。其中,部门预算7878万元,中央财政林业科技推广示范补贴资金5亿元,科技平台基本建设经费1.11亿元,中央级公益性科研院所基本业务费1.1亿元；科技部各类中央财政科技计划项目经费1.29亿元。

科学研究 新入国家林草科技成果库各类林草科技成果1433项，其中，草原成果118项。发布2020年度重点推广林草科技成果100项。启动松材线虫病防控"揭榜挂帅"应急科技项目，完成雷击火防控"揭榜挂帅"应急科技项目榜单。启动"野生动物携带病原体本底调查及传播风险"和"草原保护修复和监测评价"2个局重点科技研发项目。完成国家林业和草原局"三北工程建设水资源承载力与林草资源优化配置"专题研究项目。发布第三次"中国森林资源核算"研究成果。新批复石墨烯应用等9个国家林业和草原局重点实验室。产学研深度融合，建设林草国家创新联盟，公布20项联盟优秀成果以及第二批70个高活跃度联盟。

队伍建设 继续推进国家创新人才计划，首次举行科学技术奖励仪式，对2019年国家林业和草原局属获奖团队进行表彰。举办首届国家林草科技创新百人论坛。开展第二批创新人才和团队推荐选拔，遴选青年拔尖人才15人、领军人才15人、创新团队30个。指导国际竹藤中心引进高端人才1人。遴选聘认第二批300名国家级林草乡土专家，遴选出第一批200名"最美林草科技推广员"。

成果及推广 加快科技成果转化平台建设，批复认定青藏高原高寒草地生态修复、高寒草地鼠害防控等10个林草工程技术研究中心，以及广东惠州国家林药科技示范园区和重庆江津花椒、重庆黔江蚕桑2个国家生物产业基地。评估建成运行3年以上的55个工程中心，形成了工程中心评估报告并发布。开展科技下乡和科技特派员活动，组织指导基层开展春耕生产，开展科技下乡活动1678批8375人次，选派科技特派员912批4425人次，组织开展培训2.08万次，培训141万人次。通过林草科技推广APP等线上服务平台推送实用技术等2.1万多篇，服务人数超过200万人。联合科学技术部出台《关于加强林业和草原科普工作的意见》，探索建立科普效果评估机制，在国家林草科技项目中增加科普任务。指导广东、山西、浙江等省制定加强林草科普工作实施意见。举办"人与自然和谐共生 携手建设美丽中国"2020年全国林业和草原科技活动周，采用线上线下相结合的方式，共举办各类活动近100场次，直接参与活动专家、志愿者近万人，受众300多万人次。

标准建设 批准发布林业行业标准100项，废止林业行业标准24项，组织起草并获批发布32项国家标准。批准成立生态旅游、木雕2个行业标准化技术委员会，开展全国花卉、森林资源、林业信息数据标准化技术委员会等6个标准化技术委员会重新组建工作。召开松材线虫病防治线上国际研讨会，召开第五届国际生物基化学品与材料高峰论坛。组织起草并发布ISO 13061-5《木材物理力学性质试验方法 第5部分：横纹抗压强度测定》和ISO 21625《竹和竹产品术语》2项国际标准。参加国际标准化组织的多次视频会议。推荐两位专家入选国际标准化组织ISO TC23/SC13/WG13工作组专家。

产品质量安全　累计对3771批次林产品进行了质量安全监测，监测范围涵盖26个省（自治区、直辖市）4大类17种林产品。印发《食用林产品监测品种指导性目录（2020年版，试行）》和《2020—2022年省级食用林产品质量安全监测计划任务表》，明确各地食用林产品质量安全监测品种、监测批次任务。印发《食用林产品质量安全监测工作规范（2020年版）》和《木质林产品质量监测工作规范（2020年版）》，规范监测工作程序。完成2020年食品安全工作评议考核部门评审工作。研究制定"林业质检机构资质认定"行政许可事项事中事后5项监管措施。

科技助力疫情防控　作为国务院疫情防控科研攻关组成员单位，推荐专家进入科学技术部新冠肺炎疫情科技应对攻关专家组，申报的国家重点研发计划"与人类密切接触野生动物病原本底及公共卫生安全威胁风险研究"获批。启动"野生动物疫源疫病本底调查研究"项目。编写《林业资源培育与高效利用技术创新专项抗击疫情支撑春季生产技术成果汇编》，联合科学技术部印发《关于推广应用抗击疫情支撑春季生产技术成果的通知》。组织召开"部分禁食野生动物养殖问题评估专家论证会"。指导国家林草创新联盟参与抗击新冠疫情和林草科技扶贫工作。据不完全统计，联盟在新冠疫情期间捐款6600余万元、口罩38万只、防护服7000余套、消毒液120余吨，19家联盟参与到组织的林草科技服务团工作中。

新品种保护　一是完善制度与政策。发布《中华人民共和国植物新品种保护名录（林草部分）（第七批）》，将草和中药材植物等78个种（属）纳入保护名录。制定《植物新品种DUS现场审查组织、工作规则》《林草植物新品种权申请指南》《申请材料填写导则》，修订《林草植物新品种权申请审查规则》。二是加强植物新品种测试能力。建立1个植物新品种测试中心、3个分中心、2个分子测定实验室和6个专业测试站，启动建设1个测试站。开展148项林草植物新品种DUS测试指南编制工作，其中70项测试指南分别以国家标准或林业行业标准发布实施。三是完成林草植物新品种审批系统2.0版的开发升级，开通网上林草植物新品种管理系统。

生物安全　一是共受理10家单位开展转基因林木试验的申请20项，截至2020年底，共对262项转基因林木进行了安全评价，其中，批准了255项。二是共安排三项转基因林木安全性监测。三是出版《中国油茶遗传资源》（上、下册），组织开展全国油茶遗传资源调查与编目工作，全国17个省份累计调查各类油茶遗传资源3058份，建成了全国油茶遗传资源信息数据库。

森林认证　一是新设3项森林认证实践，延续4项。通过认证的森林面积超过900万公顷，有400余家企业获得产销监管链证书。二是发布《中国森林认证　非木质林产品经营》1项国家标准以及《中国森林认证　竹林经营》《中国森林

认证　产品编码及标识》、《中国森林认证　自然保护地森林康养》和《中国森林认证　自然保护地生态旅游》4项行业标准。三是举办5次认证标准宣贯与培训活动，参加推广活动人员总数超过400人次。四是在线参加森林认证认可计划（PEFC）年会，研究跟踪PEFC再互认要求与程序，与PEFC秘书处以及第三方评估机构的沟通得到加强。五是举办2期森林认证项目培训班，专项培训超过20次，累计培训超过1500人次。与国家认证认可委员会联合培养森林认证机构认可评审员2人，2020年度参加认可评审累计超过10人。

智力引进及派出　一是推荐的候选人之一——澳大利亚（英国）籍生态保护和可持续发展领域专家约翰·埃里克·林德·斯坎伦获得2020年度中国政府友谊奖。二是通过远程聘请外国专家以视频会议、线上技术讲座、远程授课、线上专题咨询和技术指导等形式对在华项目进行培训指导，线上培训干部300余人次。三是修订《引智出国（境）培训管理办法》。四是开发林草因公出国（境）培训管理系统，建立集申报审批、执行跟踪、成果共享三位一体的管理系统。

知识产权保护　一是印发《2020年加快建设知识产权强国林草推进计划》，提升林草知识产权创造、保护、运用、管理和服务水平。二是组织实施13项知识产权转化运用项目，验收18项林业知识产权转化运用和试点示范项目。三是开通《2020年全国林草知识产权宣传周》网站。在《中国绿色时报》发表专栏文章《知识产权保护　为林草业注入创新力和竞争力》，介绍了林业和草原知识产权的十大亮点工作进展和成就，编辑出版《2019中国林业和草原知识产权年度报告》，编印《林业知识产权动态》，进一步完善林业知识产权数据库。

（三）教育

毕业生　2020—2021学年，全国林草学科研究生教育、林草本科和高等林草职业教育（专科）、中等林草职业教育毕业生人数比上一学年均有增长。林草研究生教育毕业生13067人，其中，全国林草学科博士、硕士毕业生6970人（博士毕业生775人，硕士毕业生6195人）。林草本科教育毕业生7.96万人，其中，林草专业本科毕业生3.84万人。高等林草职业教育（专科）毕业生5.00万人，其中，林草专业毕业生1.66万人。中等林草职业教育毕业生3.22万人，其中，林草专业毕业生2.70万人。

招生　2020年度研究生、本科招生增加，高职招生减少，中职招生人数有所回升。林草研究生教育招生2.25万人，其中，林草学科招收研究生10757人（博士生1127人，硕士生9630人）。林草本科教育招生7.72万人，其中，林草专业本科招生3.84万人。林草高等职业教育招生7.52万人，其中，林草专业招生2.85万人。林草中职教育招生4.18万人，其中，林草专业招生3.11万人。

教育、教学改革及成果 一是提升林草教育顶层指导建设水平。深化院校共建机制，指导组织第四届林业院校校长论坛，汇编整理《习近平总书记关于教育工作的重要论述》和《林草教育发展文件汇编》等指导性学习资料。二是推动教育组织建设。做好全国林业专业学位研究生教育指导委员会和林业教育学会换届工作。组建国家林业和草原局院校教材建设专家委员会和专家库，制定《国家林业和草原局院校教材建设专家委员会工作细则》。指导林业教育集团开展工作，完成中国南方现代林业职业教育集团换届工作，协调开展相关协作合作活动。三是深化林草学科专业发展。组织开展本科层次职业教育林草类试点专业设置（目录）论证工作，提出首批设置智慧林业、园林景观工程、木制品设计与智能制造等3个林草类职教本科专业，撰写专业设置论证报告及专业简介并上报教育部。指导中国林业科学研究院，组织申报农林经济管理一级学科博士学位授权点和材料与化工博士专业学位授权点。四是强化林草特色重大活动品牌影响力。组织开展第二届"扎根基层工作、献身林草事业"林草学科优秀毕业生学习宣传活动、第二批全国林草教学名师"深入基层体验陕西林改"活动，梳理关林草教育政策文件、林草教育品牌活动，编制印发《林草教育发展文件汇编》。

培训与人才开发 一是干部教育培训。共组织培训193期，培训13905人次，先后举办全国森林和草原防火技术高级研修班、推进生态文明建设与可持续发展培训班、第十一期司局级干部任职培训班、第二十四期处级领导干部任职培训班、2020年公务员在职培训班、新录用人员初任培训班、1期年轻干部培训班、2期县（市）林业和草原局长保护地体系建设专题以及森林草原防火专题培训班、林草建设无人机技术应用与推广培训班、第十期林业和草原知识培训班等。二是基层人才培训。举办近200期集体林权制度改革等示范培训班，1期生态护林员管理培训班，直接培训林草管理、技术、技能人才和基层实用人才近2万人次。编写《新时代林业和草原知识读本》《营造林工程监理案例》《森林消防员》等10余本管理、技术和技能人才培训教材。完成乡镇林业工作站站长能力测试及认证3万人次。三是建立和管理林业特有工种职业技能鉴定站65个，5年累计鉴定15万人次。梳理160个涉林职业工种30多万人次的信息，完成职业资格清理规范工作和对2015年版《中华人民共和国职业分类大典》中林业部分修改调整。组织修订《林业有害生物防治员》《森林消防员》等21个林业特有职业（工种）的国家职业技能标准。四是助推涉林草大学生就业创业工作。开展全国涉林草院校"十佳"毕业生评选，引导涉林草院校大学毕业生到基层就业。组织涉林草院校大学生创业大赛，促进林科毕业生就业创业。组织开展2届全国林草教学名师遴选活动并组织名师赴基层了解林草改革的动态，交流教学改革实践。

(四）网络安全和信息化

网站建设 政府网全年编发各类热点信息5万多条，视频1521条，设计制作7个专题，公开文件84件，开展了9次访谈、13次直播。全年网站回复留言640条，涉及禁食野生动物、野生动物保护法律法规留言346条。印发《关于进一步加强我局政府门户网站子站管理工作的通知》。

重点项目 一是林草生态网络感知系统建设。构建基于卫星遥感应用、5G、云计算、大数据、人工智能等新一代信息技术，支撑林草行业智慧管理决策、提升现代化治理能力的信息化平台。通过对林草湿地荒漠、野生动植物等资源监测数据的汇聚、整合、开发，实现自然保护地管理、林地湿地草原监管、森林草原防火等感知应用，创新林草信息化治理模式和数字化服务模式。二是"金林工程"建设。编制调整说明及生态护林员等子系统开发，完成机房改造等工程建设，完成应用支撑平台定制内容的开发和信息资源目录的编制。三是政务服务平台优化。以用户为中心对网上行政审批平台进行改版，实现26个审批事项全过程网上办理及批量申报、证照套打等个性化需求；与国务院办公厅和海关总署的数据联动，同步国家平台评价、投诉、整改等信息数据，实现行政审批事项"好差评"全覆盖。四是"互联网+监管"建设。完成与国家平台对接的8个场景开发和联调，实现一次登录全网通办；开发联合监管事项办理接口。五是试点项目建设。完成分级保护方案编制，通过分级保护测评，对28个单位进行培训。六是信创工程建设。召开项目启动会，编制项目分工方案，开展广泛的调研，完成监理、设计、招标等工作，优化设计施工方案，优化调整各应用系统，与感知系统全面深度融合。

数据建设与应用 一是统筹数据资源管理及使用。印发了《林业草原大数据资源目录》，共包含772个信息资源、5416个信息项、92个数据集。开展林草互联网反响大数据分析，编制10期大数据报告。完善林草政务信息资源共享和开放机制。二是完善标准建设。完成《北斗林业巡护业务APP接口规范》《北斗林业终端平台数据传输协议》《自然保护区信息化监管支撑系统建设规程》《林业信息平台统一身份认证规范》《湿地资源信息数据》《林木病虫害数据库结构规范标准》6项行业标准的编制工作。推进《林草电子公文处理流程规范》行业标准编制工作。

培训和评测 林草信息化培训工作有序开展。举办了第八届全国林草首席信息官（CIO）新技术暨网络安全与网站管理能力提升培训班，加强网络安全工作，提升网站管理能力。开展2020年全国林草信息化率评测工作。完成《全国林草信息化发展评测报告（2016—2020））》《2016—2020年全国林草信息化率评测图表汇总》，并向全国林草系统发布。

智慧办公 开展办公网系统提速，完成综合办公系统数据的迁移和校验。

印发《关于加快完成综合办公系统历史文件归档的通知》，组织各单位将沉积在办公系统的数据全部归档。开展办公系统功能优化，开展涉密办公系统上线演练。提升林信通服务保障水平。制定了林信通权限分配规则，全年系统管理员共调整人员信息3457次，各单位管理员调整人员信息3543次。做好系统维护保障，全年提供平台升级优化服务共计12次，提供单位管理员培训指导及解决问题共81人次，解决其他日常问题63人次，解决反馈问题37人次。

安全保障　建立健全体制机制、强化基础设施、网络安全、运维体系建设，构建较为完善的网络基础设施，筑牢网络安全屏障。一是加强林业和草原网络信息系统日常运维，提升处理紧急问题的能力。对中心机房网闸进行维护策略调整10次，对安全设备规则库和病毒库更新18次，完成视频会议技术支持72次。完善了机房、配线间、配电室的巡检制度。二是完成网络安全测评。电子政务内网建设项目通过国家保密科技测评中心分级保护测评，实现与国家节点互联互通。完成自然资源部涉密内网分节点分级保护测评及密码测评。完成综合办公系统提速优化工作及院区5G信号覆盖工作。三是强化网络安全管理。加强制度建设，制定20项专项管理制度。落实重大活动期间网络安全保障措施，加强监控值班力度，及时调整优化网络安全策略，监控防御各类扫描渗透和攻击15.65亿次，查封攻击地址10000多个，确保网站及信息系统安全稳定运行。

（五）国有林场

印发《国有林场职工绩效考核办法》，有效评价国有林场职工的德才表现和工作实绩。会同国家档案局印发《国有林场档案管理办法》，提升国有林场档案管理水平。开展《国有林场管理办法》修订工作。举办2期国有林场场长素质能力提升培训班，约170人参加了培训；举办国有林场建设管理培训班，共培训90人次。编写《中国国有林场扶贫20年》，全面总结国有林场扶贫工作开展以来取得的成效和经验。

（六）林业工作站

全国完成林业工作站基本建设投资2.70亿元，比2019年增长6.72%。其中，中央投资1.20亿元，比2019年增长34.83%。全国共有180个林业工作站新建业务用房，新建面积4.47万平方米；367个林业工作站新配备了交通工具，1495个林业工作站新配备了计算机。截至2020年底，全国共有1.29万个林业工作站拥有自有业务用房，总面积233.80万平方米；7051个林业工作站配备了交通工具，共拥有交通工具1.07万辆；1.84万个林业工作站配备了计算机，共拥有计算机4.74万台。

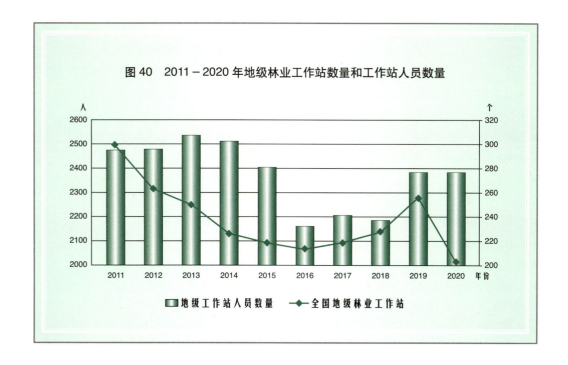

图40　2011－2020年地级林业工作站数量和工作站人员数量

截至2020年底，全国共有地级林业工作站203个，管理人员2380人（图40）；县级林业工作站1766个，管理人员21852人。与2019年相比，地级林业工作站减少44个，管理人员减少3人；县级林业工作站减少236个，管理人员减少69人。全国乡镇林业工作站22220个，覆盖全国83.30%的乡镇，较2019年减少2760个，下降11.05%；其中，作为县级林业主管部门派出机构的有4778个，县、乡双重管理的有2693个，乡（镇）管理的有14749个，分别占乡镇林业工作站总数的12%、22%、66%。全国乡（镇）林业工作站核定编制71397人，比2019年减少12.48%；年末在岗职工80580人，比2019年减少7.15%。

一是争取中央投入资金1.06亿元，落实全国26个省530个乡镇林业工作站开展标准化建设；对2018年投资建设的纳入验收范围的428个林业工作站开展书面审查，对417个合格林业工作站授予"全国标准化林业工作站"称号。二是修订《乡镇林业工作站工程建设标准》，向住房和城乡建设部、国家发展和改革委员会申报国家标准，获批立项。三是做好乡镇林业站站长能力测试工作，启动线上测试，组织12个省份开展了网络专题培训，全年共完成2238名乡镇林业工作站站长能力培训和测试任务，测试通过率达94.50%。四是推进"平台"建设，全年共上线新课程50余门；开发启用"林业站学习"APP，林业工作站职工网络学习时长比2019年提高25%。

2020年林业工作站取得多项成果

- 全国乡镇林业工作站全年共指导组织完成造林面积291.95万公顷，其中，林业重点工程造林面积133.55万公顷；完成育苗面积27.75万公顷、森林抚育面积379.97万公顷、林业有害生物防治面积654.28万公顷。
- 全国共有6571个林业工作站受上级林草主管部门的委托行使林业行政执法。
- 全年办理林政案件70766件，调处纠纷41703起。
- 全国共有5983个、26.93%的林业工作站稳定开展"一站式""全程代理"服务，共有9449个、42.52%的林业工作站参与开展森林保险工作。
- 全年共开展政策宣传等工作218.56万人天；培训林农541.93万人次。
- 指导、扶持林业经济合作组织12.56万个，带动农户272.85万户。
- 拥有科技推广站办示范基地14.95万公顷，开展科技推广42.51万公顷。
- 共管理指导护林员159.36万人，分别较2019年增加34.99万人、增长28.13%；护林员共管护林地16939.29万公顷，人均管护106.30公顷。
- 共指导扶持乡村林场20840个，其中，集体林场10254个、家庭林场10141个。

P

开放合作

P141-146

- 政府间合作
- 民间合作与交流
- 履行国际公约
- 专项国际合作
- 重要国际会议

开放合作

2020年，林业草原国际合作努力克服新冠疫情不利影响，各项工作稳步推进。政府间林草合作深入开展，成果丰富，民间合作平稳进行，达到预期目标。林草履约稳步推进，防治荒漠化、湿地保护等专项合作持续深化，取得明显成效。

（一）政府间合作

一是主动服务国家重大外交活动。在联合国75周年系列活动、中欧领导人会晤、澜沧江－湄公河合作领导人等国家重大外交活动中多角度展示中国林草生态建设取得的成就。派员参加中欧环境与气候高层对话机制筹备及案文磋商、中国－印度尼西亚高级别人文交流机制等框架下双边活动。稳步推进大熊猫保护研究合作，派遣专家赴韩提供技术支持，推动在韩大熊猫顺利产崽。开展中国－荷兰大熊猫标本合作，与美国华盛顿动物园、日本东京上野动物园开展大熊猫合作研究，将旅加拿大大熊猫顺利运返国内。二是服务国家"一带一路"大局，编制30余个国家和地区的"一带一路"合作规划，将林草合作内容纳入规划。不断优化外商投资准入负面清单、外资准入负面清单等涉林草内容，进一步深化中国林草行业对外开放程度。在与埃及、摩洛哥等国家共建"一带一路"倡议双边合作磋商以及与法国、荷兰等国高层交往活动中宣传中国林草建设成就。提高中国对外涉林企业的自律和责任意识，针对中国林业境外投资的热点国家，组织编写《中国企业境外森林可持续投资与贸易国别手册》。三是稳步推进区域林业合作。以视频方式召开中欧森林执法与治理双边协调机制（BCM）第十次会议，完成BCM机制10年合作成果总结。推动希腊正式加入中国－中东欧国家林业合作协调机制。参加中国－中东欧国家联络小组第四次会议、东盟林业东北亚环境合作机制高官会等线上会议，进一步深化中国－中东欧国家、澜沧江－湄公河合作等区域机制下林草合作，举办了多项"澜沧江－湄公河周"活动，启动澜沧江－湄公河合作专项基金项目及亚洲区域合作专项资金项目。完善中国－欧（盟）投资协定谈判和全面与进步跨太平洋伙伴关系协定（CPTPP）中涉林条款，参与中国－蒙古跨境经济合作区谈判、中欧双边投资协议等谈判工作，提升我国林草国际合作能力。四是巩固深化双边林草合作。召开中国－德国林业工作组第六次会议、中国－德国合作"山西森林可持续经营技术示范林场建设"项目中期评估。落实与法国生物多样性署关于自然保护领域的合作协议，制定合作路线图，以视频形式举办中法自然保护战略研讨会。与新西兰联合开展木材贸易联合研究，举办中国－新西兰林业碳汇交易合作研讨会。启动中国－日本植树造林国际合作项目，蒙古戈壁熊技术援助项目取得阶段性成果。五是推动打击非法采伐国际合作。与多个国家建立了打击非法采伐和相关贸易双边合作机制，参加联合国粮农组织、亚太经济合作组织、国际热带木材组织等多边机构工作，分享中国森林经营管理的经验，促进打击非法采伐信息分享和能力建设。

（二）民间合作与交流

一是开展国际合作项目评估检查，稳步推进与重点合作伙伴的项目合作。完成18个中国－日本民间绿化合作项目年度检查；与日本驻华使馆协调新设项目并赴山东、黑龙江开展可行性调查。有序推进英国曼彻斯特桥水花园"中国园"项目；协调德国复兴银行推进"绿色促进贷款技术援助基金对话专题项目"立项。二是履行业务主管单位职责，完善监管机制，规范引导境外非政府组织在华活动与合作。组织起草完善《国家林业和草原局业务主管及有关境外非政府组织境内活动指南》，主动引导境外非政府组织围绕林草建设重点工作开展合作，落实154个合作项目。

（三）履行国际公约

《濒危野生动植物种国际贸易条约》（CITES） 一是作为公约常委会成员国和副主席国，参加应对疫情紧急线上常委会会议，研究确定CITES常委会第73次会议会期以及调整会议形式等事宜。二是筹备中国－日本CITES管理机构第二次会议；履行中国－日本、中国－韩国等政府间候鸟保护协定及东亚－澳大利西亚迁飞区合作伙伴关系相关内容，派员参加东北亚环境合作机制谈判工作。三是加强与港、澳特区政府履约协调工作，妥善处置兰花便利过境措施、执法案件。四是参加了提升CITES附录物种贸易管控能力和电子许可证书改革线上研讨会，推动CITES许可程序自动化，加强物种贸易监管。

《联合国防治荒漠化公约》（UNCCD） 一是2020年6月17日，"中华人民共和国联合国防治荒漠化公约履约办公室"正式挂牌，荒漠化防治履约工作进一步规范化。二是2020年6月17日是第二十六个世界防治荒漠化与干旱日，主题是"粮食、饲料、纤维"，《联合国防治荒漠化公约》秘书处以线上形式举行全球纪念活动，中国政府代表应邀参加活动并发表致辞，期间中方设计制作了《携手防沙治漠共护绿水青山》（中英文版）宣传片，向世界展示了中国防治荒漠化的成就。三是印发《筑起生态绿长城——防治荒漠化在中国》（中英文版）宣传册，在中央主流媒体刊发荒漠化防治及履约主题文章，宣传中国防治沙漠化履约成果，扩大履约社会影响。四是派员参加《联合国防治荒漠化公约》亚洲区域会，在国际舞台阐述中国荒漠化防治政策和立场，荒漠化防治履约相关内容纳入外交部新闻发言人的发言及我国发布的《美国损害全球环境治理报告》。

《湿地公约》（RAMSAR） 一是筹备《湿地公约》第十四届缔约方大会（COP14），成立大会临时筹备机构；派员参加《湿地公约》常委会第58次会议线上会议，报告COP14筹备进展。二是修订发布《国际湿地城市认证提名办法》，推荐辽宁盘锦等7座城市参加国际湿地城市遴选。三是组织编写履约国家报告，调整国家履约委员会组成部门，开展世界湿地日宣传活动。四是加强国际重要湿地管理，新指定天津北大港等7处国际重要湿地，更新了国际重要湿地数据。

《国际植物新品种保护公约》等 一是响应世界知识产权组织（WIPO）、国际植物新品种保护联盟（UPOV）等国际组织关于协助植物新品种权持有人共同抗疫、共渡难关的倡议，分享中国扶持植物新品种权持有人的具体做法，支持全球植物育种产业发展。二是派团参加国际植物新品种保护联盟（UPOV）年度会议和技术工作组会议，深入讨论交流相关议题，阐述中方立场，积极回应国际关切的问题。三是与欧盟植物品种保护办公室（CPVO）共同开展线上植物新品种测试（DUS）培训，提升参训人员新品种测试（DUS）、植物新品种保护执法专业能力。四是举行中欧植物新品种保护执法线上研讨会，来自国际植物新品种保护联盟办公室、欧盟植物品种保护办公室、欧盟知识产权项目（IPK）、国内农林主管部门的100多名代表参会，与会代表围绕实施品种权保护、品种权实施与维权等议题进行了深入探讨和交流。五是组织36名技术人员参加国际植物新品种保护联盟远程培训；组织编写《中国林木遗传资源状况报告》（第二版）。六是稳步推进《联合国森林文书》履约，加强履约示范单位建设，出台《国家林业和草原局履行示范单位管理办法》和《国家林业和草原局履行示范单位项目资金管理办法》，为7家示范单位提供资金支持。

（四）专项国际合作

防治荒漠化国际合作 一是吸纳俄罗斯加入东北亚防治荒漠化、土地退化与干旱网络，扩大区域合作的"朋友圈"。二是组织开展"一带一路"沿线重点国家荒漠化防治管理体系与援外工程项目设计、中国社会组织参与荒漠化防治国际合作等多项专题研究，取得了阶段性成果。三是参加G20土地退化案文谈判，推动G20出台相关国际倡议，为全球土地退化防治事业制定量化目标。

湿地保护国际合作 一是执行国际原子能机构《亚太地区和科学技术研究、发展和培训地区合作协定》项下的"增强湿地管理与可持续保护规划项目"，设计项目方案，推荐相关领域专家参加国际会议研讨。二是加强与世界自然基金会（WWF）、大自然保护协会（TNC）等非政府组织多边合作，与世界自然基金会共同策划CBD COP15边会方案。

自然保护地国际合作 一是推动实施"加强中国东南沿海海洋保护地管理，保护具有全球重要意义的沿海生物多样性项目"和"中国典型河口生物多样性保护、修复和保护区网络建设示范项目"等涉海国际项目。二是配合做好"一带一路"及周边国家务实合作，启动中德非自然保护三方合作项目；组织申报7个亚洲合作资金项目。三是推进《中法关于自然保护领域合作的谅解备忘录》落实，组织开展自然保护地结对。四是派员参加中国－俄罗斯总理定期会晤机制环保分委会会议，以及分委会下的自然保护区与生物多样性工作组会议，参与相关议题讨论。五是三江源、东北虎豹等试点区与世界自然基金会等国际组织开展了"人兽冲突"等方面研究；东北虎豹试点区联合相关部门和国际组织举办了"第五届东北虎栖息地巡护员竞技赛""第十届世界老虎日"等活动。

草原国际合作与交流　2020年初，沙漠蝗在肯尼亚、索马里等东非国家和印度、巴基斯坦等南亚国家大规模暴发，对当地粮食和草原造成严重危害，受到国际社会广泛关注。2020年2月23日至3月5日，我国政府派工作组赴巴基斯坦协助开展沙漠蝗防控工作。工作组的技术专家实地调研巴基斯坦沙漠蝗灾害情况，协助巴方制定了防控方案。中国政府在自身处于抗击新冠肺炎疫情的特殊时期仍然派出专家组赴巴基斯坦支援防控沙漠蝗灾，受到巴方高度赞赏和国际社会好评。

亚太森林恢复与可持续管理组织　一是圆满完成亚太森林组织十年发展评估，起草了《亚太森林组织2021—2025年战略规划》。组织召开亚太森林组织董事会和理事会特别会议，总结亚太森林组织2020年工作成效，有力推动了亚太森林组织国际化进程。二是启动中国、柬埔寨总理见证签署的在柬埔寨建设珍贵树种繁育中心等4个实地项目；持续推进大湄公河次区域森林生态系统综合治理项目，在中国和柬埔寨建立了示范区。继续加强普洱森林体验基地、赤峰多功能体验基地的基础设施建设。亚太森林组织负责实施的28个在执行项目按计划推进，其中6个进入评估环节。三是编制《大中亚林业合作机制10年行动框架方案》；扎实推进中国－东盟林业科技机制合作，启动6个科研基金项目，建成青年学者交流中心。借助互联网会议平台开展亚太地区人力资源交流机制、亚太地区林业教育机制互动，主动谋划未来政策对话重点和合作形式。四是依托亚太森林组织网课资源，克服疫情不利影响，有效保障奖学金项目教学秩序和进度。奖学金项目资助新录取硕士生25人、博士生6人，16人顺利取得硕士学位；与西南林业大学合作，完成奖学金本科生项目、暑期交流、校长论坛、朱拉隆功奖学金生选送、英文期刊等活动。五是启动亚太地区林业信息数据库二期项目，增加10个经济体林业政策信息采编工作。发布中英文《亚太森林组织2019年年报》《亚太森林组织旺业甸森林多功能基地推介手册》，编写了《亚太区域森林恢复规划最佳案例》《亚太森林组织森林恢复案例》《亚太区域森林恢复规划与实践》报告等。

国际贷款项目　一是世界银行和欧洲投资银行联合融资"长江经济带珍

稀树种保护与发展项目"顺利实施，完成转贷协议签订，累计完成营造林6万公顷。二是亚洲开发银行贷款"丝绸之路沿线地区生态治理与保护项目"通过前期准备中期评审，项目技术援助正式启动。三是组织申报欧洲投资银行贷款"黄河流域沙化土地可持续治理项目"，与欧洲投资银行进行10余轮线上、线下磋商，组织编制项目可行性研究报告。四是"东亚－澳大利西亚中国候鸟保护网络建设项目"完成项目文件编制，落实资金承诺函，召开项目评审委员会会议，获得全球环境基金理事会秘书处批准。

国际赠款项目 2020年，全球环境基金（GEF）赠款项目取得阶段性成果。一是"中国森林可持续管理提高森林应对气候变化能力项目"。该项目构建了项目管理制度体系、技术体系、监测评价体系、示范推广体系和宣传培训体系，顺利通过中期评估。二是"国有林场GEF项目"。该项目完成7个试点国有林场新型森林经营方案编制、1市2县以林为主的山水林田湖草规划草案和《国有林场新型森林经营方案编制指南》，开展试点国有林场年度监测工作，组织5次线上专业培训、培训200余人次以及1次国家级培训班和6次省级培训班，培训360人次。在国家级媒体平台发布《项目动态》4期，在世界自然保护联盟（IUCN）、国有林场GEF项目微信公众平台发布科普消息、新闻报道30余篇。三是中国东北野生生物资源保护之地景法项目。该项目实施范围位于中国东北地区黑龙江省与吉林省交界处，紧邻俄罗斯联邦滨海边疆区及朝鲜民主主义人民共和国咸境北道，行政区域涉及珲春市、汪清县、东宁市、穆棱市，总面积约13879.26平方千米。项目总投资2058万美元，其中，赠款为300万美元，配套资金为1758万美元。该项目实施以来，促进了东北虎及其栖息地保护管理，较好地完成了项目任务，基本实现了项目的预期目标。

（五）重要国际会议

植物新品种保护东亚论坛（EAPVPF） 2020年11月25~26日，第十三届东亚植物新品种保护论坛（EAPVPF）以视频会议方式召开，来自国际植物新品种保护联盟办公室，欧盟植物新品种保护办公室，中国、日本、韩国及东盟10国近70名代表参加会议。其间，中方代表参加相关议题讨论，介绍在东亚论坛"10年战略规划"框架下我国2020—2022年的发展计划及合作活动建议。

联合国森林论坛第十五届会议 2020年4~5月，联合国森林论坛第十五届会议（UNFF 15）以线上会议形式召开，重点讨论会议决议草案，为此，联合国森林论坛（UNFF）以邮件形式向成员国征求3轮意见，召开2次视频会议。中国政府派团参与相关议题讨论，会议决议以静默程序达成一致，于2020年6月30日正式生效。

附录

2020 年各地区林草产业总产值
（按现行价格计算）

单位：万元

地区	林草产业总产值	林业产业总产值				草原产业总产值
		总计	第一产业	第二产业	第三产业	
全国合计	817191418	811763644	263021121	364331594	184410929	5427774
北　京	2993070	2992137	2208738		783399	933
天　津	284832	284832	284427		405	
河　北	14047576	14017661	6758735	6268609	990317	29915
山　西	5294304	5279411	4166788	517722	594901	14893
内 蒙 古	5477765	4520266	1937852	1080463	1501951	957499
辽　宁	8832256	8761203	5324582	2376173	1060448	71053
吉　林	8598048	8564229	3144713	3934164	1485352	33819
黑 龙 江	12169749	12096820	5991717	3325377	2779726	72929
上　海	2831723	2831723	370593	2408360	52770	
江　苏	50408639	50408639	11365879	32288570	6754190	
浙　江	49851180	49851180	10868783	26337686	12644711	
安　徽	47052601	47021577	13543929	21153568	12324080	31024
福　建	66598648	66598648	11146465	46250084	9202099	
江　西	53065436	53065436	12428073	24167306	16470057	
山　东	62110775	62092394	22305937	35296784	4489673	18381
河　南	21653950	21653700	10278657	7758429	3616614	250
湖　北	38424910	38302525	13709862	11983829	12608834	122385
湖　南	50990033	50932267	17162775	17262327	16507165	57766
广　东	82122006	82122006	12639884	51770223	17711899	
广　西	76616073	75207493	22339801	35646494	17221198	1408580
海　南	6845838	6845838	3450071	3057573	338194	
重　庆	15058378	15042557	6362135	4368846	4311576	15821
四　川	40961290	40717295	15181991	10942557	14592747	243995
贵　州	33787007	33780012	9656864	5385254	18737894	6995
云　南	27708323	27225628	15614829	7495304	4115495	482695
西　藏	524908	445685	297009	2149	146527	79223
陕　西	14774535	14727599	11605975	1605640	1515984	46936
甘　肃	5230331	4866118	4140758	285547	439813	364213
青　海	1382322	648066	497287	63990	86789	734256
宁　夏	1877057	1830628	715493	339326	775809	46429
新　疆	9083675	8495891	7218649	792031	485211	587784
大兴安岭	534180	534180	301870	167209	65101	

2020年各地区造林完成情况

单位：公顷

地区	造林面积					
	总计	人工造林	飞播造林	封山育林面积	退化林修复	人工更新
全国合计	6933696	3000060	151496	1774608	1619648	387884
北京	41762	14909		26733		120
天津	2535	1878			10	647
河北	446772	241999	36732	149635	13306	5100
山西	272071	201658		46666	23747	
内蒙古	649981	301516	28665	129869	183933	5998
辽宁	158008	30152	13334	55334	51659	7529
吉林	123892	37573			77117	9202
黑龙江	121280	53725		20268	47287	
上海	5444	5444				
江苏	51644	46336			115	5193
浙江	119926	41759		2489	70341	5337
安徽	151465	59639		42144	48433	1249
福建	204315	4895		134855	17408	47157
江西	270736	72022		75779	119307	3628
山东	141753	102830			10938	27985
河南	211209	171883	17951	14959	6416	
湖北	258160	111910		85225	52433	8592
湖南	574010	129184		236244	208049	533
广东	264967	29625		103327	66180	65835
广西	211006	20998		20124	6487	163397
海南	15162	2467				12695
重庆	303153	78633		78922	145598	
四川	343922	118658		100578	112064	12622
贵州	280039	220402			59637	
云南	334084	254181		53854	25844	205
西藏	96986	38453	14533	44000		
陕西	324453	148897	20281	84979	70296	
甘肃	341959	240723		67598	33638	
青海	294308	38169	20000	153879	82260	
宁夏	87032	58190		5500	23342	
新疆	204196	119219		41647	38470	4860
大兴安岭	27466	2133			25333	

2020年各地区主要经济林产品产量

单位：吨

地区	板栗	竹笋干	油茶籽	核桃	紫胶（原胶）
全国合计	2252578	967320	3141620	4795939	3642
北　京	22985			10447	
天　津	1977			4103	
河　北	374113			159673	
山　西	2753			158311	
内蒙古					
辽　宁	171868			11710	
吉　林	479	289		7068	
黑龙江				532	
上　海					
江　苏	10082	850	150	1120	
浙　江	61267	195355	81759	27221	
安　徽	99645	43010	110180	27561	
福　建	91200	232479	151962		
江　西	21090	44161	482520	159	
山　东	256595			149786	
河　南	108235	1162	53736	164077	
湖　北	380797	19896	221790	104242	
湖　南	103515	72347	1373445	7398	
广　东	46006	55591	201423		636
广　西	97090	44184	298693	4295	
海　南			337	11316	
重　庆	18234	31910	14639	30883	
四　川	55709	107357	25059	605797	
贵　州	87036	7846	77788	87892	
云　南	157018	105950	25060	1502706	3006
西　藏			1	1629	
陕　西	84318	4592	12099	443457	
甘　肃	566	4		128433	
青　海				1300	
宁　夏				2025	
新　疆				1154114	
大兴安岭					

全国历年造林面积

单位：万公顷

年别	人工造林	飞播造林	新封山育林	更新造林
1981	368.10	42.91		44.26
1982	411.58	37.98		43.88
1983	560.31	72.13		50.88
1984	729.07	96.29		55.20
1985	694.88	138.80		63.83
1986	415.82	111.58		57.74
1987	420.73	120.69		70.35
1988	457.48	95.85		63.69
1989	410.95	91.38		71.91
1990	435.33	85.51		67.15
1991	475.18	84.27		66.41
1992	508.37	94.67		67.36
1993	504.44	85.90		73.92
1994	519.02	80.24		72.27
1995	462.94	58.53		75.10
1996	431.50	60.44		79.48
1997	373.78	61.72		79.84
1998	408.60	72.51		80.63
1999	427.69	62.39		104.28
2000	434.50	76.01		91.98
2001	397.73	97.57		51.53
2002	689.60	87.49		37.90
2003	843.25	68.64		28.60
2004	501.89	57.92		31.93
2005	322.13	41.64		40.75
2006	244.61	27.18	112.09	40.82
2007	273.85	11.87	105.05	39.09
2008	368.43	15.41	151.54	42.40
2009	415.63	22.63	187.97	34.43
2010	387.28	19.59	184.12	30.67
2011	406.57	19.69	173.40	32.66
2012	382.07	13.64	163.87	30.51
2013	420.97	15.44	173.60	30.31
2014	405.29	10.81	138.86	29.25
2015	436.18	12.84	215.29	29.96
2016	382.37	16.23	195.36	27.28
2017	429.59	14.12	165.72	30.54
2018	367.80	13.54	178.51	37.19
2019	345.83	12.56	189.83	37.02
2020	300.01	15.15	177.46	38.79

注：本表自2015年新封山育林面积包含有林地和灌木林地封育，飞播造林面积包含飞播营林。

2020 年各地区林业重点生态工程造林面积

单位：公顷

地区	全部造林面积	合计	天然林资源保护工程	退耕还林工程	京津风沙源治理工程	石漠化治理工程	三北及长江流域等重点防护林体系工程	国家储备林建设工程	其他造林面积
全国合计	6933696	2418600	477695	668863	204558	130728	879204	57552	4515096
北　京	41762	27532			27399		133		14230
天　津	2535	133						133	2402
河　北	446772	130335			56379		73220	736	316437
山　西	272071	160971	35701	44601	28158		52511		111100
内蒙古	649981	309463	77301	54001	82589		95572		340518
辽　宁	158008	54513					54513		103495
吉　林	123892	82845	68376				13402	1067	41047
黑龙江	121280	89359	16912	78			46935	25434	31921
上　海	5444								5444
江　苏	51644	2779					2779		48865
浙　江	119926								119926
安　徽	151465	43769					43769		107696
福　建	204315	2961					2724	237	201354
江　西	270736	64472					62594	1878	206264
山　东	141753	4326					4326		137427
河　南	211209	27703	2126				25577		183506
湖　北	258160	80238	13129	7453		33008	25980	668	177922
湖　南	574010	61226		708		14765	44077	1676	512784
广　东	264967	12228	5399				6776	53	252739
广　西	211006	42429				20879	5280	16270	168577
海　南	15162	343					8	335	14819
重　庆	303153	95780	34666	35567		6762	11452	7333	207373
四　川	343922	60384	34570	14283		5932	5466	133	283538
贵　州	280039	218702		218702					61337
云　南	334084	253453	15615	171317		49382	16207	932	80631
西　藏	96986	11872	1072				10800		85114
陕　西	324453	181801	83144	31348	10033		56609	667	142652
甘　肃	341959	96821	8518	17407			70896		245138
青　海	294308	78459	44291				34168		215849
宁　夏	87032	33487	8668				24819		53545
新　疆	204196	162750	741	73398			88611		41446
大兴安岭	27466	27466	27466						

全国历年林业重点生态工程完成造林面积

单位：万公顷

年 别	合 计	天然林资源保护工程	退耕还林工程	京津风沙源治理工程	三北及长江流域等重点防护林体系工程 小计	三北防护林工程	长江流域防护林工程	沿海防护林工程	珠江流域防护林工程	太行山绿化工程	平原绿化工程
1979—1985年 小计	1010.98				1010.98	1010.98					
"七五" 小计	589.93				589.93	517.49	36.99			35.46	
"八五" 小计	1186.04			44.12	1141.92	617.44	270.17	84.67		151.86	17.78
"九五" 小计	1391.76	119.43	113.15	110.43	1048.75	615.09	193.71	29.73	15.93	170.44	23.84
2001年	307.13	94.81	87.10	21.73	103.49	54.17	16.27	9.09	2.71	14.13	7.13
2002年	673.17	85.61	442.36	67.64	77.56	45.38	11.03	5.57	4.66	7.62	3.32
2003年	824.24	68.83	619.61	82.44	53.35	27.53	10.88	3.86	4.47	5.00	1.62
2004年	478.06	64.15	321.75	47.33	44.83	23.23	11.33	3.02	3.18	3.09	0.98
2005年	309.96	42.48	189.84	40.82	36.82	21.79	6.59	2.27	3.07	2.85	0.25
"十五" 小计	2592.56	355.87	1660.66	259.96	316.06	172.10	56.10	23.80	18.07	32.69	13.29
2006年	280.17	77.48	105.05	40.95	56.68	32.68	7.87	1.70	2.88	11.47	0.09
2007年	267.83	73.29	105.60	31.51	57.42	38.15	7.64	2.39	1.74	7.39	0.11
2008年	343.35	100.90	118.97	46.90	76.58	49.79	7.23	7.42	3.70	8.03	0.41
2009年	457.55	136.09	88.67	43.48	189.31	125.59	22.21	21.22	8.21	11.92	0.17
2010年	366.79	88.55	98.26	43.91	136.06	92.82	11.88	17.32	6.68	6.92	0.43
"十一五" 小计	1715.68	476.31	516.55	206.77	516.05	339.04	56.83	50.05	23.21	45.73	1.20
2011年	309.30	55.36	73.02	54.52	126.40	73.78	20.48	20.99	7.23	3.66	0.26
2012年	275.39	48.52	65.53	54.17	107.18	67.87	15.79	14.54	5.16	3.81	
2013年	256.90	46.03	62.89	62.61	85.36	51.86	13.04	11.86	4.40	3.57	0.64
2014年	192.69	41.05	37.86	23.91	89.87	59.63	10.74	9.69	2.69	4.92	2.19
2015年	284.05	64.48	63.60	22.33	133.64	76.60	23.72	18.85	9.66	4.81	
"十二五" 小计	1318.32	255.44	302.90	217.53	542.46	329.74	83.78	75.92	29.14	20.77	3.10
2016年	250.55	48.73	68.33	23.00	110.50	64.85	21.78	10.87	5.73	3.59	
2017年	299.12	39.03	121.33	20.72	94.79	62.64	17.40	6.81	4.80	3.14	
2018年	244.31	40.06	72.35	17.78	89.39	57.30	20.65	4.45	2.55	3.89	
2019年	230.83	50.37	47.80	23.08	86.82	59.65	17.20	2.68	2.22	5.07	
2020年	241.86	47.77	66.89	20.46	87.92	56.02	22.83	2.15	3.36	3.57	
"十三五" 小计	1266.67	225.96	376.70	105.04	469.41	300.45	99.86	26.95	18.66	19.27	
总 计	11071.94	1433.00	2969.97	943.85	5635.56	3902.34	797.43	291.12	105.02	476.22	59.22

注：1. 京津风沙源治理工程1993—2000年数据为原全国防沙治沙工程数据。
2. 自2006年起将无林地和疏林地封育计入造林面积，2015年起将有林地和灌木林地封育计入造林总面积。
3. 2016年三北及长江流域等重点防护林体系工程造林面积包括石漠化治理工程3.67万公顷造林面积。2017年林业重点工程造林面积合计包括石漠化治理工程23.25万公顷。2018年林业重点工程造林面积合计包括石漠化治理工程24.73万公顷，三北及长江流域等重点防护林体系工程造林面积包括林业血防工程0.55万公顷造林面积。2019年林业重点工程造林面积合计包括石漠化治理工程17.90万公顷，国家储备林建设工程4.87万公顷。2020年林业重点工程造林面积合计包括石漠化治理工程13.07万公顷，国家储备林建设工程5.76万公顷。

全国历年林业重点生态工程实际完成投资及国家投资情况

单位：万元

指标名称		合计	天然林资源保护工程	退耕还林工程	京津风沙源治理工程	三北及长江流域等重点防护林体系工程						平原绿化工程	野生动植物保护及自然保护区建设工程
						小计	三北防护林工程	长江流域防护林工程	沿海防护林工程	珠江流域防护林工程	大行山绿化工程		
1979—1995年	实际完成投资	417515				400083	231652	77939	41990		32622	15880	
	其中：国家投资	196633				188132	132779	27148	10930		8780	8495	
"九五"小计	实际完成投资	2588514	1245400	187670	165843	989601	504461	134640	104678	59345	79601	106876	208501
	其中：国家投资	1780256	1140560	180218	50782	408696	231697	60577	27554	11665	37871	39332	112761
"十五"小计	实际完成投资	14688579	3864184	8053232	1165585	1397077	499053	303320	185320	62527	71423	275434	384302
	其中：国家投资	12773399	3645398	7342519	1006083	666638	257046	117261	97800	49899	49212	95420	225865
"十一五"小计	实际完成投资	20978960	3985798	13040120	1758047	1810693	917331	223693	506979	68650	82100	111940	114253
	其中：国家投资	17703954	3473401	11736455	1604135	664098	387755	77902	132111	32999	32346	985	77727
2011年	实际完成投资	5319584	1826744	2463373	250395	664819	322215	98832	200344	26204	12948	4276	77727
	其中：国家投资	4342817	1696826	1949855	223978	394431	208105	42627	117478	14984	11167	70	132938
2012年	实际完成投资	5283825	2186318	1977649	356646	630274	325088	99667	165824	25796	13899		92227
	其中：国家投资	4050116	1710230	1545329	321863	380467	210938	40869	96239	19977	12444	12020	148874
2013年	实际完成投资	5361512	2301529	1962668	378669	569772	274469	65806	178784	21154	17539	12020	88364
	其中：国家投资	4378163	2020503	1557260	357304	354732	170664	33863	116389	11354	10442		
2014年	实际完成投资	6659502	2610936	2230905	106583	1512854	406704	98569	278075	21229	13196	695081	198224
	其中：国家投资	5448154	2204105	1916113	81217	1098931	253193	33154	140431	14930	12664	644559	147788
2015年	实际完成投资	7056599	2983638	2752809	111595	954103	551846	103717	247150	31420	19970		254454
	其中：国家投资	6299919	2838326	2520733	107268	637340	370283	85227	138168	23913	19749		196252
"十二五"小计	实际完成投资	29681022	11909165	11387404	1203888	4331822	1880322	466591	1070177	125803	77552	711377	848743
	其中：国家投资	24519169	10469990	9489290	1091630	2865901	1213183	235740	608705	85158	66466	656649	602358
2016年	实际完成投资	6754068	3400322	2366719	152729	678829	355827	96009	145345	38195	25946		155469
	其中：国家投资	6304925	3334513	2149296	141944	533251	322104	83955	66275	20084	25946		145921

(续)

指标名称		合计	天然林资源保护工程	退耕还林工程	京津风沙源治理工程	三北及长江流域等重点防护林体系工程					太行山绿化工程	平原绿化工程	野生动植物保护及自然保护区建设工程
						小计	三北防护林工程	长江流域防护林工程	沿海防护林工程	珠江流域防护林工程			
2017年	实际完成投资	7180115	3763641	2221446	174385	676739	397780	129902	95172	31473	22412		254075
	其中：国家投资	6702046	3615667	2055317	158962	546891	294678	120732	88841	20611	22029		236685
2018年	实际完成投资	7171963	3956762	2254055	123900	575427	347045	123383	62467	19310	20784		154297
	其中：国家投资	6721782	3870733	2048106	112997	441992	272132	106295	27613	13705	20215		143657
2019年	实际完成投资	2320342	654331	586684	139606	720683	499630	123090	43256	18913	35794		
	其中：国家投资	1854708	626823	568660	122049	419741	274151	93493	16160	15072	20865		
2020年	实际完成投资	2729406	704392	854710	174633	779272	508516	168392	61371	17439	23554		
	其中：国家投资	2122998	649045	782842	117333	462441	290494	123792	15110	13525	19520		
"十三五"小计	实际完成投资	26155894	12479448	8283614	765253	3430950	2108798	640776	407611	125330	128490	1121507	1441546
	其中：国家投资	23706459	12096781	7604221	653285	2404316	1453559	528267	213999	82997	108575	471789	940984
总　计	实际完成投资	94510484	33483995	40952040	5076048	12360226	6141617	1846959	2316755	441655	471789	1121507	1441546
	其中：国家投资	80679870	30826130	36352703	4414416	7197781	3676019	1046895	1091099	262718	303250	800881	940984

注：2016年三北及长江流域等重点防护林体系工程投资包括林业血防工程17507万元，其中，国家投资14887万元。2017年林业重点工程投资合计包括石漠化治理工程89829万元，国家投资88524万元。2018年林业重点工程投资合计包括石漠化治理工程107522万元，其中，国家投资104297万元，三北及长江流域重点防护林体系工程投资包括石漠化防护工程2438万元，其中，国家投资2032万元。2019年林业重点工程投资合计包括石漠化治理工程94516万元，其中，国家投资90597万元；国家储备林建设工程124522万元，其中，国家投资71495万元；国家储备林建设工程135085万元，国家投资39842万元。2020年林业重点工程投资合计包括石漠化治理工程81314万元，其中，国家投资26838万元。

2020年各地区林业有害生物发生防治情况

单位：公顷

地 区	合 计		森林病害		森林虫害		森林鼠害		林业有害植物	
	发生面积	防治面积	发生面积	防治面积	发生面积	防治面积	发生面积	防治面积	发生面积	防治面积
全国合计	12784471	10092402	2951416	2373697	7906231	6270728	1740039	1330859	186785	117118
北　京	31347	31347	1190	1190	30157	30157				
天　津	48599	48599	6022	6022	42577	42577				
河　北	482842	443364	20002	17808	433157	401467	29683	24089		
山　西	243483	225261	16069	13704	168269	155492	57285	54238	1860	1827
内 蒙 古	970901	590014	139232	78476	639541	398893	192128	112645		
辽　宁	554515	490649	37613	30869	510498	454598	6404	5182		
吉　林	367037	330916	20381	20190	311094	275317	35562	35409		
黑 龙 江	462953	381844	34801	22402	270491	222171	157661	137271		
上　海	12496	12475	862	861	11634	11614				
江　苏	115134	96802	13423	13418	100660	82334			1051	1050
浙　江	519716	435008	491078	407659	28638	27349				
安　徽	442464	363702	142460	96056	300004	267646				
福　建	272087	263647	97497	97473	174590	166174				
江　西	548524	525021	334286	331977	214229	193044			9	
山　东	459285	433310	132645	128599	326640	304711				
河　南	545526	464363	105022	95496	440504	368867				
湖　北	465138	369749	117854	96944	270515	224143	3298	3039	73471	45623
湖　南	417693	244987	96566	49203	321126	195784			1	
广　东	529530	375339	298983	224484	175482	109503			55065	41352
广　西	383423	83800	74982	31328	296077	47250	231	221	12133	5001
海　南	26420	5595	28	4	8486	4659			17906	932
重　庆	392483	392461	149418	149395	230501	230501	11438	11438	1126	1127
四　川	663092	490982	126889	98600	502362	364112	33772	28201	69	69
贵　州	177918	163444	25406	19482	146956	138653	3181	2944	2375	2365
云　南	381770	377646	74515	73623	279608	276782	11173	11040	16474	16201
西　藏	259714	166217	65867	42154	140687	90039	52510	33607	650	417
陕　西	383286	324694	81187	65175	236450	198595	65629	60904	20	20
甘　肃	399834	327129	76822	63726	179986	148510	143026	114893		
青　海	281284	198942	38712	22167	106451	76225	131546	99416	4575	1134
宁　夏	282299	120579	2096	1537	112235	46583	167968	72459		
新　疆	1493658	1286430	89747	65333	858153	710594	545758	510503		
大兴安岭	170020	28086	39761	8342	38473	6384	91786	13360		

2020年各地区主要林产工业产品产量

地区	木材（万立方米）	竹材（万根）	锯材（万立方米）	人造板（万立方米） 合计	胶合板	纤维板	刨花板	其他人造板	木竹地板（万立方米）	松香类产品（吨）
全国合计	10257.01	324265	7592.57	32544.65	19796.49	6226.33	3001.65	3520.18	77257	1033344
北京	23.07									
天津	25.25									
河北	114.86		314.96	1840.18	666.56	571.27	287.35	315.00	20	
山西	27.84		11.89	5.89	2.28	0.02	0.10	3.48	2	
内蒙古	88.14		525.29	29.96	24.36	1.37		4.23		
辽宁	117.95		126.70	107.45	32.71	28.28	6.92	39.54	744	
吉林	228.29		71.43	1703.24	1604.37	53.28	7.02	38.57	2299	
黑龙江	124.34		372.39	78.05	29.18	3.54	5.17	40.16	226	
上海										
江苏	213.92	592	624.45	5866.45	3715.41	887.99	941.90	321.15	39090	8500
浙江	102.08	22084	394.32	543.36	223.10	92.64	11.30	216.32	8313	18300
安徽	536.15	20132	574.80	3023.14	2174.98	415.92	216.52	215.71	8755	36502
福建	576.38	95706	185.94	977.67	603.07	88.62	62.87	223.10	3403	131209
江西	301.65	23652	343.31	530.24	202.77	133.58	45.51	148.37	3781	151461
山东	506.87		989.12	7718.82	5254.08	1439.63	568.35	456.76	2074	
河南	267.42	110	177.41	1466.09	597.91	422.45	107.38	338.35	191	
湖北	231.61	3269	251.41	681.80	293.75	324.32	44.79	18.93	2791	10946
湖南	377.01	24250	364.40	585.79	286.54	71.07	39.39	188.78	1110	25882
广东	1017.33	25734	274.18	1059.46	218.10	501.61	215.12	124.64	2826	188730
广西	3600.43	68830	1282.89	5034.16	3454.95	689.83	302.58	586.81	1240	268797
海南	234.42	405	59.80	64.26	45.19	3.09	4.06	11.92	17	1020
重庆	50.47	5621	130.12	163.96	59.04	59.37	40.42	5.13	29	1263
四川	222.93	17372	202.93	593.71	109.02	315.97	40.84	127.87	129	
贵州	318.94	1974	133.07	118.03	44.80	13.03	8.82	51.38	53	7573
云南	845.73	13517	163.66	287.89	125.71	80.48	42.76	38.94	163	183161
西藏	2.31		0.09							
陕西	26.38	1018	4.94	45.75	17.58	22.55	2.21	3.42		
甘肃	8.82		0.45	6.09	4.31	0.78		0.99		
青海	1.58		0.04							
宁夏				1.71	1.71					
新疆	64.82		12.58	11.51	4.99	5.63	0.27	0.61		
大兴安岭										

全国历年主要林产工业产品产量

年 别	木材（万立方米）	竹材（万根）	锯材（万立方米）	人造板（万立方米）	木竹地板（万平方米）	松香（吨）
1981	4942.31	8656	1301.06	99.61		406214
1982	5041.25	10183	1360.85	116.67		400784
1983	5232.32	9601	1394.48	138.95		246916
1984	6384.81	9117	1508.59	151.38		307993
1985	6323.44	5641	1590.76	165.93		255736
1986	6502.42	7716	1505.20	189.44		293500
1987	6407.86	11855	1471.91	247.66		395692
1988	6217.60	26211	1468.40	289.88		376482
1989	5801.80	15238	1393.30	270.56		409463
1990	5571.00	18714	1284.90	244.60		344003
1991	5807.30	29173	1141.50	296.01		343300
1992	6173.60	40430	1118.70	428.90		419503
1993	6392.20	43356	1401.30	579.79		503681
1994	6615.10	50430	1294.30	664.72		437269
1995	6766.90	44792	4183.80	1684.60		481264
1996	6710.27	42175	2442.40	1203.26	2293.70	501221
1997	6394.79	44921	2012.40	1648.48	1894.39	675758
1998	5966.20	69253	1787.60	1056.33	2643.17	416016
1999	5236.80	53921	1585.94	1503.05	3204.58	434528
2000	4723.97	56183	634.44	2001.66	3319.25	386760
2001	4552.03	58146	763.83	2111.27	4849.06	377793
2002	4436.07	66811	851.61	2930.18	4976.99	395273
2003	4758.87	96867	1126.87	4553.36	8642.46	443306
2004	5197.33	109846	1532.54	5446.49	12300.47	485863
2005	5560.31	115174	1790.29	6392.89	17322.79	606594
2006	6611.78	131176	2486.46	7428.56	23398.99	915364
2007	6976.65	139761	2829.10	8838.58	34343.25	1183556
2008	8108.34	126220	2840.95	9409.95	37689.43	1067293
2009	7068.29	135650	3229.77	11546.65	37753.20	1117030
2010	8089.62	143008	3722.63	15360.83	47917.15	1332798
2011	8145.92	153929	4460.25	20919.29	62908.25	1413041
2012	8174.87	164412	5568.19	22335.79	60430.54	1409995
2013	8438.50	187685	6297.60	25559.91	68925.68	1642308
2014	8233.30	222440	6836.98	27371.79	76022.40	1700727
2015	7218.21	235466	7430.38	28679.52	77355.85	1742521
2016	7775.87	250630	7716.14	30042.22	83798.66	1838691
2017	8398.17	272013	8602.37	29485.87	82568.31	1664982
2018	8810.86	315517	8361.83	29909.29	78897.76	1421382
2019	10045.85	314480	6745.45	30859.19	81805.01	1438582
2020	10257.01	324265	7592.57	32544.65	77256.62	1033344

注：自2006年起松香产量包括深加工产品。

2020年各地区林草投资完成情况

单位：万元

地 区	林草投资完成额	其中：国家投资
全国合计	**47168172**	**28795976**
北 京	2969690	2951827
天 津	179527	154005
河 北	1508738	1172989
山 西	1051436	986693
内 蒙 古	1673095	1622091
辽 宁	366924	362887
吉 林	881714	781939
黑 龙 江	3930004	3910711
上 海	250512	250512
江 苏	951145	651000
浙 江	966388	676223
安 徽	1280315	538104
福 建	573789	495386
江 西	1251461	824638
山 东	2169805	533597
河 南	1077062	630495
湖 北	1930440	638422
湖 南	2643964	1042339
广 东	986221	899073
广 西	7247677	706683
海 南	188041	158683
重 庆	793734	573648
四 川	2464904	1235491
贵 州	3203989	1191295
云 南	1266827	1204738
西 藏	255249	255249
陕 西	1127137	1024807
甘 肃	1433581	955041
青 海	538762	536850
宁 夏	288519	216278
新 疆	825027	732432
局直属单位	**892495**	**881850**
大兴安岭	395540	384895

全国历年林业投资完成情况

单位：万元

年　别	林业投资完成额	其中：国家投资
1981	140752	64928
1982	168725	70986
1983	164399	77364
1984	180111	85604
1985	183303	81277
1986	231994	83613
1987	247834	97348
1988	261413	91504
1989	237553	90604
1990	246131	107246
1991	272236	134816
1992	329800	138679
1993	409238	142025
1994	476997	141198
1995	563972	198678
1996	638626	200898
1997	741802	198908
1998	874648	374386
1999	1084077	594921
2000	1677712	1130715
2001	2095636	1551602
2002	3152374	2538071
2003	4072782	3137514
2004	4118669	3226063
2005	4593443	3528122
2006	4957918	3715114
2007	6457517	4486119
2008	9872422	5083432
2009	13513349	7104764
2010	15533217	7452396
2011	26326068	11065990
2012	33420880	12454012
2013	37822690	13942080
2014	43255140	16314880
2015	42901420	16298683
2016	45095738	21517308
2017	48002639	22592278
2018	48171343	24324902
2019	45255868	26523167
2020	47168172	28795976

注：2019年起为林草投资完成额。

2011-2020年主要林草产品进出口数量

产品	项目	单位	2011	2012	2013	2014	2015	2016	2017	2018	2019	2020
原木	针叶原木 出口	立方米	41			2042						
	针叶原木 进口	立方米	31465280	26769151	33163602	35839252	30059122	33665605	38236224	41612911	44484085	46812777
	阔叶原木 出口	立方米	14339	3569	13128	9702	12070	94565	92491	72327	50632	21764
	阔叶原木 进口	立方米	10860568	11123565	11995831	15355616	14509893	15059132	17162103	18072555	14745446	12895217
	合计 出口	立方米	14380	3569	13128	11744	12070	94565	92491	72327	50632	21764
	合计 进口	立方米	42325848	37892716	45159433	51194868	44569015	48724737	55398327	59685466	59229531	59707994
锯材	出口	立方米	544194	479847	458284	408970	288288	262053	285640	255670	245820	237442
	进口	立方米	21606705	20669661	24042966	25739161	26597691	31526379	37402136	36642861	37051023	33777539
单板	出口	立方米	246914	205644	204347	255744	265447	246424	335140	428288	461487	433315
	进口	立方米	200231	342983	599518	986173	998698	880574	738810	958718	1244081	1576553
特形材	出口	吨	254144	247267	225281	212089	176867	162298	148973	132838	97267	78861
	进口	吨	13442	14108	11818	16072	21624	27295	18896	28971	68704	132762
刨花板	出口	立方米	86786	216685	271316	372733	254430	288177	305917	353440	336644	376527
	进口	立方米	547030	540749	586779	577962	638947	903089	1093961	1065331	1036113	1187368
纤维板	出口	立方米	3291031	3609069	3068658	3205530	3014850	2649206	2687649	2273630	2133683	2028926
	进口	立方米	306210	211524	226156	238661	220524	241021	229508	307631	242180	197920
胶合板	出口	立方米	9572461	10032149	10263412	11633086	10766786	11172980	10835369	11203381	10060581	10385333
	进口	立方米	188371	178781	154695	177765	165884	196145	185483	162996	139251	224023
木制品	出口	吨	1876915	1865571	1935606	2175183	2269553	2302459	2420625	2392503	2357129	2376167
	进口	吨	55484	198006	445186	670641	760350	796138	753180	664333	637822	612100
家具	出口	件	289157492	286991126	287405234	316268837	327246688	332626587	367209974	386935434	353208468	386551287
	进口	件	5497244	6368316	7384560	9845973	10191956	11101311	11888758	12246952	10275286	8027567
木片	出口	吨	5094	69	69	42	85	5531		230	71	873
	进口	吨	6565328	7580364	9157137	8850785	9818990	11569916	11401753	12836122	12564718	13525672
木浆	出口	吨	31520	19504	22759	18393	25441	27790	24417	24370	38975	35799
	进口	吨	14354611	16380763	16781790	17893771	19791810	21019085	23652174	24419135	26226052	28787135
废纸	出口	吨	2853	2067	923	661	631	2142	1394	537	689	1233
	进口	吨	27279353	30067145	29236781	27518476	29283876	28498407	25717692	17025286	10362640	6892536
纸和纸制品	出口	吨	5997827	6444274	7622315	8520484	8358720	9422457	9313991	8563363	9161090	9053446
	进口	吨	3477712	3254368	2971246	2945544	2986103	3091659	4874085	6404037	6379417	12541823
木炭	出口	吨	67463	64192	75550	80373	74075	68170	76533	60647	49491	50017
	进口	吨	188697	167655	209273	219758	172780	159338	170718	298037	329338	287669
松香	出口	吨	231148	167784	133136	122469	85322	58433		46950	35256	22754
	进口	吨	2659	9918	30413	11343	23357	45857		69931	75707	95958
柑橘属	出口	吨	901557	1082217	1041421	979882	920513	934320	775228	983551	1013842	1045332
	进口	吨	131739	126154	128621	161833	214890	295641	466751	533265	567157	434556
鲜苹果	出口	吨	1034635	975878	994664	865070	833017	1322042	1334636	1118478	971146	1058094
	进口	吨	77085	61505	38642	28148	87563	67109	68850	64512	125208	75748
鲜梨	出口	吨	402778	409584	381374	297260	373125	452435		491087	470245	539446
	进口	吨	527	2479	3122	7379	7930	8224		7433	12849	10384
鲜葡萄	出口	吨	106477	152292	105152	125879	208015	254452	280391	277162	366496	424918
	进口	吨	122909	168409	185228	211019	215899	252396	233931	231702	252312	250499
鲜猕猴桃	出口	吨	1891	934	1478	2175	2007		4304	6498	8852	12688
	进口	吨	43114	51979	48243	62829	90178	66247	112532	113344	128742	116864

(续)

产品		项目	单位	2011	2012	2013	2014	2015	2016	2017	2018	2019	2020
水果	山竹果	出口	吨	4	1				4133	27	26	104	135
		进口	吨	83573	101141	112945	82798	104480	125988	71141	159029	364584	294649
	鲜榴莲	出口	吨	11						3	4	7	1
		进口	吨	210938	286510	321950	315509	298793	292310	224382	431956	604705	575884
	鲜龙眼	出口	吨	1704	1894	1892	1754	3915	2760	3170	3713	1628	4396
		进口	吨	338846	323328	365227	326079	354149	348455	528806	456603	406615	346805
	鲜火龙果	出口	吨	430	607	347	179	146	240	1092	3990	5136	8048
		进口	吨	339710	469245	538542	603876	813480	523373	533448	510844	435716	618371
坚果	核桃	出口	吨	17952	18024	18189	17571	13660	9151	33826	51157	125343	130329
		进口	吨	22837	27801	28385	26409	13137	12380	12334	11114	10238	7470
	板栗	出口	吨	37767	35081	39046	35594	34590	32884		36389	39820	38949
		进口	吨	9197	10666	11788	9874	6694	7213		7822	6641	3537
	松子仁	出口	吨	9633	11579	10683	11428	13444	13771	16153	12750	10434	11709
		进口	吨	2481	2279	1948	3750	4228	6638	12980	3175	539	1818
	开心果	出口	吨	5178	11008	5193	3360	2596	2082		4939	4878	2857
		进口	吨	24952	28039	13651	10779	11348	18331		54954	114107	104522
干果	梅干及李干	出口	吨	1157	1522	1504	935	469	497	421	544	896	1661
		进口	吨	9065	8269	6838	1613	1171	3421	4362	6304	9080	11479
	龙眼干、肉	出口	吨	264	248	193	216	297	291	246	410	530	889
		进口	吨	77370	58551	64471	35810	16203	33729	57850	83965	114182	133163
	柿饼	出口	吨	4657	6080	5036	5492	3113	4013	2614	2434	2160	263
		进口	吨							4	2	1	
	红枣	出口	吨	6873	8522	7784	7822	9573	11027	9886	11172	13357	1666
		进口	吨	37	17	1	1		4	9	3	15	51
	葡萄干	出口	吨	47959	30633	36005	30201	25500	28770	13792	23739	40185	3138
		进口	吨	20624	22358	20073	22592	34818	37087	33132	37717	40666	222
果汁	柑橘属果汁	出口	吨	20541	6102	5661	5265	5076	4323	4741	4553	3761	376
		进口	吨	78156	61904	70459	69701	64356	66268	82451	97816	104328	818
	苹果汁	出口	吨	613912	591633	601490	458590	474959	507390	655527	558700	385966	4207
		进口	吨	819	1034	1769	2747	4770	5600	7712	6445	8227	79
草产品	草种子	出口	吨									84	110
		进口	吨								56296	51276	611
	草饲料	出口	吨									58	79
		进口	吨								1707104	1627174	1721

注：①原始数据来源：海关总署。

②表中数据体积与重量按刨花板 650 千克/立方米，单板 750 千克/立方米的标准换算；1 纤维板折算标准：密度＞800 千克/立方米取 950 千克/立方米、500 千克/立方米＜密度＜800 千克/立方米的取 650 千克/立方米、350 千克/立方米＜密度＜500 千克/立方米取 425 千克/立方米、密度＜350 千克/立方米的取 250 千克/立方米。

③木浆中未包括从回收纸和纸板中提取的木浆。

④纸和纸制品中未包括回收的废纸和纸板、印刷品、手稿等。

⑤废纸、纸和纸制品出口量按木纤维浆（原生木浆和废纸中的木浆）比例折算，折算系数：2011 年为 0.80；2012 年为 0.85；2013 年为 2014 年为 0.89；2015 年为 0.90；2016 年为 0.92；2017 年为 0.92；2018 为 0.91；2019 年为 0.89；2019 年为 1.0。

⑥核桃进（出）口量包括未去壳核桃和核桃仁的折算量，其中，核桃仁的折算量是以 40% 的出仁率将核桃仁数量折算为未去壳的核桃数量；板栗进（出）口量包括未去壳板栗和去壳板栗的折算量，其中，去壳板栗的折算量是以 80% 的出仁率将去壳板栗数量折算为未去壳板栗数量；开心果进（出）口量包括未去壳开心果和去壳开心果的折算量，其中，去壳开心果的折算量是以 50% 的出仁率将去壳开心果折算为未去壳开心果数量。

⑦柑橘属水果中包括橙、葡萄柚、柚、蕉柑、其他柑橘、柠檬酸橙、其他柑橘属水果。

2011-2020年主要林草产品进出口额

单位：千美元

产品	项目	2011	2012	2013	2014	2015	2016	2017	2018	2019	2020
林产品总计	出口	55033714	58690787	64454614	71412007	74262543	72676670	73405906	78491352	75395411	76469739
	进口	65299100	61948082	64088332	67605223	63603710	62425744	74983984	81872984	74960493	74246066
原木 针叶原木	出口	38	1724			289					
	进口	4864608	3490359	5114048	5440581	3657984	4111591	5138718	5785597	5642349	5463484
阔叶原木	出口	6730		6656	7773	4140	29793	30155	23605	15330	6488
	进口	3408524	3760576	4203304	6341506	4402247	3973686	4781965	5199242	3791450	2937144
合计	出口	6768	1724	6656	8062	4140	29793	30155	23605	15330	6488
	进口	8273132	7250935	9317352	11782087	8060231	8085277	9920683	10984839	9433798	8400629
锯材	出口	360493	331346	325737	298200	206795	194220	204445	180496	165135	149687
	进口	5721322	5524195	6829924	8088849	7506603	8137933	10067066	10132562	8592147	7646377
单板	出口	273559	234420	235983	276757	283714	280009	382999	481998	524959	537206
	进口	118568	135155	142005	183822	162113	157597	156892	192217	228444	249542
特形材	出口	377244	359769	334364	355706	293881	234461	213652	189707	143183	127286
	进口	29668	30988	28193	35357	41178	51055	36828	45769	84477	158673
刨花板	出口	56411	66454	93181	136337	114107	120502	97400	106627	94389	162550
	进口	122232	116921	127891	141666	141018	184022	241020	242553	234329	257698
纤维板	出口	1435693	1613657	1523620	1630949	1425474	1228476	1146604	1118496	941612	829184
	进口	107114	93740	100575	110055	108396	125490	135017	141499	131212	107742
胶合板	出口	4339929	4795625	5033698	5813258	5487696	5275773	5097387	5425910	4393734	4152138
	进口	119681	119546	103104	131966	121126	138484	150851	155669	125580	129439
木制品	出口	4536235	4854951	5160484	5932432	6457198	6308242	6289577	6086516	6001919	6321856
	进口	156709	274723	500161	715093	763723	771224	740539	666670	650685	898466
家具	出口	17118709	18331201	19440770	22091885	22854641	22209363	22692178	22933444	19919617	20006378
	进口	546457	596047	707904	888821	884025	961700	1183797	1256034	1064381	911527
木片	出口	726	30	57	21	102	823		478	198	1120
	进口	1159600	1331814	1554275	1545100	1693669	1912019	1897517	2263472	2400167	2264548
木浆	出口	34119	12694	14008	12433	16818	17267	16600	20375	28759	24767
	进口	11852421	10904715	11316770	12004565	12701792	12196424	15266065	19513308	16765090	15092258
废纸	出口	616	691	418	265	280	495	385	203	241	513
	进口	6967452	6275973	5930000	5347795	5283161	4988961	5874652	4294716	1943079	1207981
和纸制品	出口	10454553	11800706	14232066	15859260	17097590	16403632	16733385	17599912	20549348	20880808
	进口	5055272	4600238	4373700	4308915	4046869	3945233	4981667	6203231	5272058	7333464
木炭	出口	39094	44428	64472	89129	108964	101677	104079	80387	82425	90680
	进口	44877	58017	62857	62022	50057	46031	50264	87121	97657	69562
松香	出口	593328	268287	272145	296592	194439	104297		81774	49258	33008
	进口	8577	17549	47616	25367	40434	64510		84263	78339	96215
柑橘属	出口	726457	971902	1155959	1170064	1258434	1303841	1071605	1261167	1270393	1577682
	进口	148576	150776	166152	229953	267179	354846	552051	633489	594780	495488
鲜苹果	出口	914326	959913	1030074	1027619	1031232	1452932	1456372	1298926	1246333	1449615
	进口	115830	92578	67465	46278	146957	123220	115215	117385	219040	138539
鲜梨	出口	285559	325154	361737	350656	442537	487011		530066	573050	667737
	进口	1043	3793	6041	10148	12935	13300		12671	21186	17883
鲜葡萄	出口	162273	336036	268561	358756	761873	663604	735140	689676	987195	1212695
	进口	324280	425205	514608	602607	586628	629772	590728	586352	643520	642852
羊猕猴桃	出口	2803	1592	3026	4646	4463		7061	9781	13306	19816
	进口	81910	138843	121626	195481	266718	145952	350104	411291	454609	450426
山竹果	出口	1	1				12932	28	30	92	135
	进口	145837	196000	231455	158470	238200	343079	147070	349401	794911	677684

(续)

产品		项目	2011	2012	2013	2014	2015	2016	2017	2018	2019	2020
水果	鲜榴莲	出口	4						3	6	7	1
		进口	234304	399762	543165	592625	567943	693302	552171	1095163	1604484	2304959
	鲜龙眼	出口	2451	2813	2158	3105	10187	8763	9936	8295	4745	11210
		进口	314287	395965	448088	328267	341923	270213	437722	365577	424880	491574
	鲜火龙果	出口	719	1093	736	329	345	538	1781	6422	9038	13161
		进口	200154	326473	410163	529932	662882	381121	389512	396649	362140	552933
坚果	核桃	出口	47654	54660	63087	71524	60735	30301	106052	149973	341261	286002
		进口	55204	73373	61000	62120	42335	31916	33817	34107	27409	20941
	板栗	出口	75865	85864	84255	82517	77858	76939		78469	86659	81838
		进口	17893	26937	24578	18360	10504	15222		19220	13098	8433
	松子仁	出口	153902	174671	212315	234068	258135	272137	243249	184826	233554	258571
		进口	21990	22467	26953	53440	64841	88809	96659	30162	9305	26741
	开心果	出口	10889	35959	28830	13482	10306	9956		20762	19859	14226
		进口	116623	134940	80886	66195	75964	118898		352594	809186	659233
干果	梅干及李干	出口	4943	6766	6479	4235	2294	2405	2096	2416	2916	4392
		进口	8274	9718	9745	4251	3267	6282	7722	11365	15271	18879
	龙眼干、肉	出口	1674	1868	1535	1657	2392	1905	1713	2765	2804	4467
		进口	86455	82020	86062	56678	26565	60613	91308	125350	144817	181624
	柿饼	出口	11100	16040	13476	14826	8830	11904	7764	7446	6749	8197
		进口		1				2	17	5	3	
	红枣	出口	22611	26808	24638	28535	35320	37290	33361	35872	38581	47413
		进口	58	70	8	8	4	16	49	47	94	284
	葡萄干	出口	102067	73901	83392	74344	56891	62245	29387	45737	74200	54590
		进口	34943	41525	37881	37952	50952	55113	43633	52983	58804	33480
果汁	柑橘属果汁	出口	19946	11107	11209	10880	10914	9353	10808	9974	8892	842
		进口	172899	153505	155367	153185	124160	115084	160369	191326	184136	12090
	苹果汁	出口	1081240	1142004	906622	638698	561250	546813	648227	621540	425717	43260
		进口	1087	1383	2269	3209	4454	4811	6438	5354	7171	588
其他林产品		出口	11779753	11746649	13458864	14520780	15122709	15176770	16032477	19197274	17139951	1699328
		进口	22934371	21942192	19952494	19084585	18504906	17208212	20706541	20818572	21470208	2257319
草产品总计		出口								307	979	45
		进口								660269	664299	7193
草种子		出口								248	317	1
		进口								126449	110162	1045
草饲料		出口								59	662	3
		进口								533820	554137	6148

注：①原始数据来源：海关总署。

②木浆中未包括从回收纸与纸板中提取的木浆。

③纸和纸制品中未包括回收纸和纸板及印刷品等。

④2004—2008年以造纸工业纸浆消耗价值中原生木浆价值的比例将从回收的纸与纸板中提取的纤维浆、回收纸与纸板出口额折算为木制林产品价值，2009—2019年按木纤维浆（原生木浆和废纸中的木浆）价值比例折算，各年的折算系数为：2004—2006年为0.22；2007年为0.214；2008年为0.221；2009年为0.80；2010年为0.78；2011年为0.8；2012年为0.85；2013年为0.88；2014年为0.89；2015年为0.90；2016年为0.92；2017年为0.93；2018年为0.92；2019年为0.89。

⑤2004—2008年以造纸工业纸浆消耗价值中原生木浆价值的比例将纸和纸制品出口额折算为木制林产品价值，2009—2015年按木纤维浆（原生木浆和废纸中的木浆）价值比例折算，各年的折算系数为：2004—2006年为0.27；2007年为0.26；2008年为0.26；2009年为0.81；2010年为0.79；2011年为0.81；2012年为0.86；2013年为0.89；2014年为0.89；2015年为0.91；2016年为0.93；2017年为0.93；2018年为0.92；2019年为0.94；2020年为1.0。

⑥将印刷品、手稿、打字稿等的进（出）口额=进（出）口折算量×纸和纸制品的平均价格。

注　释

1.文中采用国家四大区域的分类方法，全国分为东部、中部、西部和东北四大区域。东部地区包括北京、天津、河北、上海、江苏、浙江、福建、山东、广东、海南10省（直辖市）；中部地区包括山西、安徽、江西、河南、湖北、湖南6省；西部地区包括内蒙古、广西、重庆、四川、贵州、云南、西藏、陕西、甘肃、青海、宁夏、新疆12省（自治区、直辖市）；东北地区包括辽宁、吉林、黑龙江3省。

2.文中林草产品进出口部分，将林产品分为木质林产品和非木质林产品。木质林产品划分为8类：原木、锯材（包括特形材）、人造板及单板（包括单板、胶合板、刨花板、纤维板和强化木）、木制品、纸类（包括木浆、纸及纸板、纸或纸板制品、废纸及废纸浆、印刷品等）、木家具、木片、其他（薪材、木炭等）。非木质林产品划分为7类：苗木类，菌、竹笋、山野菜类，果类，茶、咖啡类，调料、药材、补品类，林化产品类，竹藤、软木类（含竹藤家具）。将草产品分为草种子和草饲料2类。

3.关于造林面积统计，1985年以前（含1985年），按造林成活率40%以上统计，1986年以后按成活率85%统计。自2006年起，根据《造林技术规程》（GB/T 15776-2006），将无林地和疏林地新封山育林面积计入造林总面积。自2016年起，造林面积包括人工造林、飞播造林、新封山育林、退化林修复和人工更新面积。

4.书中除全国森林资源数据外，附表中所有统计资料和数据均未包括中国香港、澳门特别行政区和台湾省。

5.附表中符号使用说明："空格"表示该项统计指标数据不足本表最小单位数、不详或无该项数据。

图书在版编目（CIP）数据

2020年度中国林业和草原发展报告/国家林业和草原局编著. -- 北京：中国林业出版社，2021.12

ISBN 978-7-5219-1580-8

Ⅰ.① 2… Ⅱ.①国… Ⅲ.①林业经济－经济发展－研究报告－中国－ 2020 ②草原建设－畜牧业经济－经济发展－研究报告－中国－ 2020 Ⅳ.① F326.23 ② F326.33

中国版本图书馆 CIP 数据核字 (2022) 第 030624 号

中国林业出版社·自然保护分社（国家公园分社）

策划编辑：刘家玲
责任编辑：肖　静　刘家玲　宋博洋

出版：中国林业出版社（100009 北京西城区刘海胡同 7 号）
　　　E-mail:wildlife_cfph@163.com 电话：83143577　83143625
发行：中国林业出版社
制作：北京美光设计制版有限公司
印刷：河北京平诚乾印刷有限公司
版次：2021 年 12 月第 1 版
印次：2021 年 12 月第 1 次
开本：889mm×1194mm　1/16
印张：10.75
字数：300 千字
定价：128.00 元